essentials

Essentials liefern aktuelles Wissen in konzentrierter Form. Die Essenz dessen, worauf es als „State-of-the-Art" in der gegenwärtigen Fachdiskussion oder in der Praxis ankommt. Essentials informieren schnell, unkompliziert und verständlich.

- als Einführung in ein aktuelles Thema aus Ihrem Fachgebiet
- als Einstieg in ein für Sie noch unbekanntes Themenfeld
- als Einblick, um zum Thema mitreden zu können.

Die Bücher in elektronischer und gedruckter Form bringen das Expertenwissen von Springer-Fachautoren kompakt zur Darstellung. Sie sind besonders für die Nutzung als eBook auf Tablet-PCs, eBook-Readern und Smartphones geeignet.

Essentials: Wissensbausteine aus den Wirtschafts, Sozial- und Geisteswissenschaften, aus Technik und Naturwissenschaften sowie aus Medizin, Psychologie und Gesundheitsberufen. Von renommierten Autoren aller Springer-Verlagsmarken.

Jürgen Beetz

Atomphysik für Höhlenmenschen und andere Anfänger

Das Universum von innen: Moleküle, Atome und Elementarteilchen

Jürgen Beetz
Berlin
Deutschland

ISSN 2197-6708   ISSN 2197-6716 (electronic)
essentials
ISBN 978-3-658-11104-5   ISBN 978-3-658-11105-2 (eBook)
DOI 10.1007/978-3-658-11105-2

Die Deutsche Nationalbibliothek verzeichnet diese Publikation in der Deutschen Nationalbiblio-
grafie; detaillierte bibliografische Daten sind im Internet über http://dnb.d-nb.de abrufbar.

Springer Spekturm
© Springer Fachmedien Wiesbaden 2016

Gedruckt auf säurefreiem und chlorfrei gebleichtem Papier

Springer Fachmedien Wiesbaden ist Teil der Fachverlagsgruppe Springer Science+Business Media
(www.springer.com)

Was Sie in diesem Essential finden können

- Den Aufbau und die allgemeinen Eigenschaften von Atomen
- Das genaue Innenleben von Atomen und das daraus entstehende besondere Verhalten
- Die geheimnisvolle Welt der „Quanten" und ihr Verhalten

Vorwort

Dies ist eine kurze und notwendigerweise unvollständige Einführung in die Atomphysik aus Sicht der Steinzeitmenschen. Inhalt dieses „*essentials*" ist das (aus technischen Gründen leider stark) gekürzte neunte der insgesamt 11 Kapitel meines Physikbuches „$E = mc^2$. Physik für Höhlenmenschen" (Beetz 2015, S. 165–206).[1] Weitere Kapitel des Buches beschäftigen sich mit Kräften und Massen, Wärme und Akustik, Elektrizität und Magnetismus,Optik und Kosmologie und schließlich mit der Philosophie der Physik und der Metaphysik – mehr oder weniger Abiturstoff und zusammen „das, was man über Physik wissen sollte" (zuzüglich vieler amüsanter Geschichten und sogar eines Ausblicks aus der Steinzeit in die moderne Welt der Technik, ohne die vieles in der Physik ja nicht denkbar wäre). An der einen oder anderen Stelle werde ich auf Kapitel daraus hinweisen.

Dies ist ein weiteres „Höhlenmenschen"-Buch – sozusagen bereits Teil einer kleinen Serie. Zweck einer Buchreihe ist ja auch ein Wiedererkennungswert und eine gewisse Ähnlichkeit untereinander. Deswegen sind auch Wiederholungen nicht nur zulässig, sondern z. T. auch wünschenswert oder notwendig. Daher steht auch in diesem Vorwort manches, was die Leser anderer Bücher der Serie bereits kennen. Sollten Ihnen also Eddi, Rudi, Siggi und natürlich und vor allem Willa bereits vertraut sein, dann lesen Sie über ihre Vorstellung einfach hinweg.

Einige haben das Buch „$1 + 1 = 10$ – Mathematik für Höhlenmenschen" vielleicht *nicht* gelesen (ein schweres Versäumnis, das sich jetzt bitter rächt). Dort sind die mathematischen Grundkenntnisse beschrieben, die man für die Physik braucht. Denn Mathematik ist die notwendige Voraussetzung für Physik. Brüche zum Beispiel sollten Ihnen nicht unbekannt sein, auch nicht deren Zähler und Nenner. Wenn letzterer gegen null tendiert, sollten bei Ihnen die Warnlampen angehen. Und ähnliches Grundwissen … Denn das ist die schlechte Nachricht: Das Werk-

---

[1] Hierbei wurden die Unterkapitel des Originals zu Kapiteln hier und die Zwischenüberschriften zu Unterkapiteln.

zeug der Physiker ist die Mathematik – wie die Rohrzange für den Installateur. Sie sollten damit umzugehen wissen.

Die gute Nachricht ist: Physik versteht man auch, wenn man mal eine Zeile nicht nachrechnen kann. Sie beschreibt die reale Welt, die uns umgibt, und fasst sie in Gesetze – daher ist sie auch unserer Umgangssprache zugänglich. Für Profis ist Mathematik die „Sprache der Physik": Manipulation von Formeln und Gleichungen, Koordinatensysteme und Funktionen, Sinus und Kosinus, Differenzial- und Integralrechnung, … – und ein paar Dinge mehr, aber insgesamt überhaupt nichts Beängstigendes. Niemand verlangt Höhenflüge von Ihnen – ein paar mathematische Grundlagen reichen aus. Und das auch nur, wenn Sie jede Einzelheit nachvollziehen wollen. Physikalische Zusammenhänge erschließen sich auch dem gesunden Menschenverstand und einer rein sprachlichen Beschreibung. Also lehnen Sie sich zurück und genießen Sie einfach spannende Entdeckungsgeschichten!

Die Kunst, Physik zu erklären, ohne den Leser und die Leserin zu erschrecken, muss etwas Wichtiges berücksichtigen: Unser Gehirn in seiner heutigen Form ist etwa 40.000 Jahre alt und hat sich seitdem biologisch nicht wesentlich verändert. Wir werden von Trieben und Begierden gesteuert. Erfreulicherweise gehören „Neu*gier*" und „Wissens*durst*" auch zu diesen Grundantrieben – so hat sich das spielerische, nur zum Teil an den Problemen und Erfordernissen des Alltags orientierte Denken entfaltet. Daran möchte ich auch die Linie dieses Buches entwickeln. Es sollen nicht nur die einfachen, fast gefühlsmäßig zu erfassenden physikalischen Fragen des täglichen Lebens beantwortet werden. Ich möchte auch die Lust wecken, mehr zu wissen und weiter zu denken, als es zur Lösung der Aufgabe erforderlich gewesen wäre.

Deswegen kann ich bei dem Versuch, Physik „begreiflich" zu machen, erneut in die Steinzeit zurückgehen – genauer gesagt: etwa in die Jungsteinzeit, zufällig 7985 v. Chr., also vor genau 10.000 Jahren. Ackerbau und Viehzucht hatten schon begonnen. Dorfgemeinschaften, Rundhäuser und eine arbeitsteilige Gesellschaft existierten bereits. Dort treffen Sie Rudi Radlos, den Physiker (die paradoxe Bedeutung dieses Namens wurde im ersten Buch erklärt) und seinen Freund Eddi Einstein, den Denker (wie konnte ein Topmathematiker in der Jung*stein*zeit auch anders heißen!?). Ein *dritter* Geselle gehörte zu der Truppe: Siggi Spökenkieker, der Druide und Seher.[2] Er konnte in die Zukunft blicken. So können wir Rudi und Eddi mit Erkenntnissen ausstatten, die erst Jahrtausende später von bedeutenden Philosophen, Mathematikern und Physikern erlangt worden waren.

---

[2] Als Spökenkieker werden Menschen mit „zweitem Gesicht" bezeichnet. Quelle: http:// de.wikipedia.org/wiki/Spökenkieker.

Die wahre Meisterin der Wissenschaft ist jedoch Wilhelmine Wicca, meist „Willa" genannt. Wie man weiß, benutzt eine Frau nicht nur eine, sondern *beide* Gehirnhälften. Und daher ist es nicht verwunderlich, dass Willa so klug war wie die drei Kerle *zusammen*. Deshalb galt sie auch als Hexe[3] – was damals ein Ehrentitel war – und als weise Frau.

Physik ist eine exakte Wissenschaft – mit kleinen „Löchern", die wir noch thematisieren werden. Sie zeichnet sich auch durch eine präzise Schreibweise aus und verschiedene typographische Regeln, die beachtet werden sollten. Aber an diesem Konjunktiv merken Sie schon: *so* ernst wollen wir das hier nicht nehmen. So werden hier manchmal mathematische Größen (wie es in Fachbüchern üblich ist) klein oder groß oder kursiv oder steil geschrieben, manchmal aber auch nicht. Da Sie ja mitdenken, wird Sie das nicht verwirren. Und die kursive Schreibweise verwenden wir auch (wie Sie drei Sätze weiter oben sehen), um etwas zu betonen und hervorzuheben.

Ich habe versucht, Ihnen hier die Grundlagen der Physik zu zeigen – in diesem kleinen Büchlein die der Atomphysik. Dabei will ich Ihnen nur die (aus meiner subjektiven Sicht) wesentlichen *Basics* vermitteln. Physik ist ein riesiges Gebiet, das sich unmöglich in einem kurzen Text abhandeln lässt. Sie werden schnell erkennen, wo meine persönlichen Präferenzen liegen. Damit es nicht allzu technisch wird, habe ich öfter Formeln und Einzelheiten weggelassen und lieber auf die interessante und oft langwierige und von Irrtümern begleitete Entdeckungsgeschichte geschaut. Sicher werden einige Fachleute sagen: „Wo steht denn etwas über XYZ? Das gehört doch hierher!!" Unbescheiden könnte ich Goethe zitieren: „In der Beschränkung zeigt sich erst der Meister!" Das Büchlein enthält mehr oder weniger Stoff einer höheren Schule – nur *reloaded and remixed*. Also nichts, was man nicht bewältigen könnte. Und ich bekenne mich zu meiner genetischen Vorbelastung, indem ich mich bezüglich Gliederung und Inhalt auf den „Leitfaden der Physik" meines Ururgroßvaters stütze.[4]

Gehen wir nun in die Steinzeit zurück und lernen wir etwas über die Gegenwart (und sogar die Zukunft)! „Physik" bedeutet ja – dem altgriechischen Ursprung des Wortes folgend – die „Naturforschung". Damit Sie das nicht als Mühe empfinden, habe ich es in unterhaltsame Geschichten verpackt. Also machen wir uns auf die Reise ins Neolithikum …

---

[3] „Wicca" ist eine neureligiöse Bewegung und versteht sich auch als die „Religion der Hexen". Quelle: http://de.wikipedia.org/wiki/Wicca.

[4] Wilhelm von Beetz: Leitfaden der Physik. Hrsg. Julius Henrici. Grieben's Verlag, Leipzig 1893. Englisch (Faksimile des Originals), Verlag BiblioBazaar 2008, ISBN-13: 978-0559355868.

Doch an Eines werden Sie schon stirnrunzelnd gedacht haben: Wie konnten Menschen vor 10.000 Jahren schon so weit entwickelt gewesen sein – ohne Metalle, ohne Maschinen, ohne Technik? Wie wahr! Was auf dem Gebiet der Mathematik noch gerade eben vorstellbar war – scharfsinnige Denker, die die Erkenntnisse späterer Jahrtausende vorwegnahmen –, wird unter diesem Aspekt zunehmend unwahrscheinlich. Warten Sie ab und seien Sie gespannt, wie ich mich aus der Affäre ziehe! Und bleiben Sie kritisch mit wachem Verstand. Nicht alles, was gedruckt ist, ist auch wahr. Vielleicht nicht einmal der vorstehende Satz. Damit lasse ich Sie jetzt allein …

September 2015
(10.000 Jahre nach diesen Geschichten)

Jürgen Beetz
Besuchen Sie mich auf meinem Blog
http://beetzblog.blogspot.de

Inhaltsverzeichnis

Der Autor

Jürgen Beetz studierte nach einer humanistischen und naturwissenschaftlichen Schulausbildung Elektrotechnik, Mathematik und Informatik an der TH Darmstadt und der *University of California, Berkeley*. Bei einem internationalen IT-Konzern war er als Systemanalytiker, Berater und Dozent in leitender Funktion tätig.

Einleitung 1

Kommen wir aus der „Mittelwelt" der „normalen" Physik (und unserer gewohnten Maßstäbe von Metern, Sekunden und Kilogramm) in die Welt des unendlich Kleinen, nach „Mikronesien". Na ja, „unendlich" gibt es in der Realität nicht, nur im Abstrakten, z. B. der Mathematik. Also in die Welt des sehr, sehr, sehr Kleinen.

Die „klassische Physik" ist in weiten Teilen schon schwierig – erwarten Sie also von dem Grenzbereich des sehr Kleinen nicht zu viel! Sie werden auf Dinge stoßen, die schwer bis unmöglich zu verstehen sind. Vieles sind nur Bilder, Modelle und Analogien, die aufgrund der mathematischen Logik und der Widerspruchsfreiheit der Gesetze so sein müssen. Andererseits hat man erstaunlich viel durch Experimente verifiziert – oft genug wurden Gegebenheiten zuerst theoretisch postuliert und dann (viel) später experimentell bestätigt (jüngstes Beispiel: das „Higgs-Teilchen").

Im „alten" Griechenland, das oft als Wiege unserer Kultur und Wissenschaft angesehen wird, kannte man vier „Elemente". Jeder Stoff, ja jedes Sein (was immer sie damit meinten) bestände aus den vier Grundelementen Feuer, Wasser, Luft und Erde. Aber zwei Philosophen, Leukipp und Demokrit, hatten schon im 5. Jahrhundert v. Chr. an Atome gedacht, an kleinste Bausteine der Materie, die sich nicht weiter zerlegen ließen. Sein Zeitgenosse Anaxagoras sah das anders: „Denn bei dem Kleinen gibt es ja kein Allerkleinstes, sondern stets ein noch Kleineres. Denn es ist unmöglich, dass das Seiende zu sein aufhöre."[1] Doch Rudi wusste es besser,

---

[1] Quelle: Anaxagoras aus Klazomanae: Fragment: Über die Natur (http://www.pinselpark. org/philosophie/a/anaxag/texte/natur.html).

© Springer Fachmedien Wiesbaden 2016
J. Beetz, *Atomphysik für Höhlenmenschen und andere Anfänger,* essentials,
DOI 10.1007/978-3-658-11105-2_1 1

denn der Seher hatte ein wenig in eine ferne Zukunft geschaut und ihn vorsichtig auf die richtige Spur gebracht. Er wusste, dass ein Element ein reiner Stoff ist, der durch chemische Methoden nicht weiter zerlegt werden kann.[2] Mal sehen, was er mit seinem Wissen anfängt!

---

[2] Siehe http://de.wikipedia.org/wiki/Chemisches_Element#Geschichte, http://www.natur-philosophie.org/atom-glossareintrag/ und http://www.naturphilosophie.org/atom-2/.

Materie wird in ihre Bestandteile zerlegt

2

Bis hierher hat die „klassische Physik" sich mit „Mesonesien" beschäftigt, unserer mit unseren Sinnen und deren „Verlängerungen" (z. B. Mikroskop) erfassbaren Welt der mittleren Größenordnungen, der „Mittelwelt" in unserem „m-kg-s-Messbereich". Und damit mit der Welt, die durch unsere Erfahrung und unsere Logik erfassbar ist. Zeit ist Zeit und Raum ist Raum – bekannte Größen. Wie sollte es auch anders sein?! Auch das Kleinste und das Größte müssen bekannten Gesetzen gehorchen, die aus „unserer Welt" stammen. Am Anfang, beim Einstieg in die Mikrowelt ist das ja auch noch so. Aber wie lange gilt das?

2.1 Eddi muss einen Barren Gold zerlegen

Gold war inzwischen wertvoll geworden, nach dem Verfall der Feuerstein-Preise.[1] Die Stammesfürsten und die Frauen *liebten* es. Es war selten und schön anzusehen, verlieh einem Schönheit, Ansehen und Macht.

Eddi traf Rudi, der gerade nachdenklich einen kleinen Klumpen in seiner Hand hatte. „Ich habe ihn gewogen", sagte er, „Er hat ziemlich genau 197 g." „Wie kannst du denn *so* genau wiegen?!" „Ich verwende einen Hebelarm eins zu zehn. Knapp zwei Kilosteine musste ich darauflegen. Das Hebelgesetz: Last mal Lastarm gleich Kraft mal Kraftarm." „Schön", sagte Eddi unbeeindruckt. Rudi fuhr fort: „Damit machen wir ein Gedankenexperiment. Wir machen es nur im Kopf, theoretisch sozusagen, abstrakt – wie in der Mathematik. Nimm den Klumpen Gold und halbiere ihn." „Okay. 98,5 g." „Nimm eine Hälfte und halbiere sie." „Fertig. 49,25 g."

---

[1] Vergl. Jürgen Beetz: $1+1=10$ – Mathematik für Höhlenmenschen. Springer, Heidelberg 2012, S. 317 f. Im Übrigen waltet hier dichterische Freiheit, denn die ältesten datierten Goldfunde gehen auf das Jahr 5000 v. Chr. zurück, 3000 Jahre nach Rudi.

© Springer Fachmedien Wiesbaden 2016
J. Beetz, *Atomphysik für Höhlenmenschen und andere Anfänger,* essentials,
DOI 10.1007/978-3-658-11105-2_2

„Nimm davon eine Hälfte und halbiere sie." „Hab' ich. 24,625 g." „Nimm davon eine Hälfte und halbiere sie." „Ja, und nun? 12,3125 g." „Nimm davon eine Hälfte und halbiere sie." „Du wiederholst dich! Wie oft soll ich das denn noch machen?! 6,15625 g."

Rudi ließ nicht locker: „Was kriegst du denn als Ergebnis, wenn du immer weiter teilst?" „Blöde Frage! Gold natürlich. Immer nur Gold! Zwar immer kleinere Stückchen, aber immer Gold. Bei der nächsten Teilung 3,078125 g." „Ist ja gut! Ich weiß, dass du rechnen kannst. Aber wie oft kannst du das machen?" „Unendlich oft. Gold ist Gold!" Rudi verzog sein Gesicht: „Uijuijui! ‚Unendlich' ist ein gefährliches Wort. In deiner Mathematik gibt es das, in der realen Welt nicht. Irgendwann ist immer Schluss!" Nun wurde Eddi nachdenklich: „Stimmt! Das habe ich *dir* doch schon erklärt! Es muss etwas Unteilbares geben! Wie wollen wir das nennen?"

„Atom", so tönte Siggis Stimme aus dem Abseits, wo er sich unbemerkt aufgehalten hatte, „Die alten Griechen …" „Die in deiner *Zukunft* alten Griechen", verbesserte Eddi, aber Siggi sprach weiter: „Sie nannten es *átomos*, ‚das Unteilbare'. Oder irgendwelche Leute später, die gerne altgriechische Fremdwörter verwendeten, um ihre Bildung zu demonstrieren." „Du scheinst ja nicht sehr weit gekommen zu sein bei deiner Zukunftsreise … Wer weiß, ob das Unteilbare nicht doch teilbar ist?!!" „Ist es nicht", sagte Siggi kategorisch, „Gebt euch damit erst einmal zufrieden! Denkt darüber einmal genau nach, was das bedeutet. Denn ich sage euch, Eddi muss den Goldklumpen etwa 79-mal halbieren. Aber dann ist Schluss, endgültig. Ein Gold-Atom. *Eins*. Unteilbar, wie ich schon sagte."

Nun sah er zwei ratlose Forscher. Eddi rechnete: „79, also fast 80-mal? Zehnmal sind schon 0,197 g – du erinnerst dich an die Potenzrechnung: 2^{10} ist 1024. Und 2^{20} ist schon über eine Million – wie viel ist dann erst 2^{80}? Nach den Potenzgesetzen der Mathematik ist 1024 etwa 10^3 – alles über den dicken Daumen geschätzt – und somit muss ich den Exponenten, also 80, durch 10 teilen und mal 3 nehmen, dann habe ich die Anzahl der Dezimalstellen, nämlich 24. Damit lande ich bei zirka 197×10^{-24} g – das wäre das kleinstmögliche Goldteilchen … Das glaube ich nicht![2] Und wie ist es mit Silber? Gibt es ein ‚kleinstes Silberteilchen', das nicht weiter zerlegbar ist?"

Siggi strich sich seinen Bart und nickte. Eddi fasste nach: „Und Wasser? Gibt es ein ‚Wasser-Atom'? Siggi strich sich erneut seinen Bart und wiegte den Kopf hin und her: „Ja und nein. Es gibt ein kleinstes Wasser-Teilchen, aber das ist noch zerlegbar. Und man kann es sogar aus Atomen zusammensetzen. Sie nennen es ‚Molekül', aber es ist nicht elementar wie Gold oder Silber. Es besteht seinerseits

---

[2] Rudis Daumenrechnung war nicht schlecht. Er hat sich nur um den Faktor 1,66 verschätzt. Ein Goldatom wiegt ca. 327×10^{-24} g, also $1,66 \times 197 \times 10^{-24}$ g.

aus Atomen von Elementen. Denn alles, Steine, Flüssigkeiten, Luft, Pflanzen, Tiere und selbst wir bestehen nur aus etwa 100 Elementen. Mehr nicht. Und es kommt noch schlimmer: Je nachdem, wie man es rechnet, kommen davon etwa zehn bis zwanzig deutlich am häufigsten vor. Fast zwanzig Kilo von Rudis Körper sind reine Kohle. Das Element heißt ‚Kohlenstoff'."

Die beiden Forscher waren stumm vor Staunen. Die ganze Welt, von der Erde bis zu den Sternen, besteht praktisch nur aus weniger als 100 Elementen. Der Rest ist deren schier unendliche Kombinationsfähigkeit zu allen Arten uns bekannter Materialien – tot oder lebendig. Unglaublich!

Unglaublich ist es in der Tat, und das Ergebnis einer Kette von bedeutenden Entdeckungen in der Physik. Denken wir das Ganze noch einmal durch: Wie lange können wir die Teilung des Goldbarrens[3] fortsetzen, in Gedanken (ohne uns um technische Probleme wie die Größe der Säge oder der Winzigkeit des Körnchens zu kümmern)? Unendlich oft? Nein. Vorsicht mit der Unendlichkeit – sie ist nie zu Ende, wie der Begriff „un-endlich" sagt. Diese fortlaufende Teilung stößt nämlich nach ziemlich genau 79 Halbierungen an ihre Grenze: das „Atom". Der Name bedeutet „unteilbar", wie Siggi schon sagte (auch der Begriff „In-dividuum" bedeutet „un-teilbar"). Der Verdacht kam um 1740 auf, als man den gleichmäßigen Druck von Gasen auf die Behälterwände durch zahllose Stöße kleinster Teilchen erklärte. Dann wiesen auch chemische Experimente darauf hin, dass Elemente immer in Mengenverhältnissen kleiner ganzer Zahlen miteinander reagieren – eine weitere Stütze des Atomkonzeptes. Inzwischen wissen wir, dass man ein Atom sogar weiter spalten kann, dass es aus kleineren Bausteinen besteht – aber dann ist es kein Gold mehr. Ein Goldatom ist der kleinste Baustein von Gold. Sie hätten dasselbe auch mit Silber machen können oder mit einem Diamanten, bei dem Sie bei einem Kohlenstoffatom gelandet wären.

Dasselbe hätten wir auch durch Verdünnung erreicht: Wäre Gold flüssig und wasserlöslich, hätten wir es in den 70 bis 80 Schritten jeweils $1:2$ verdünnen können. Rein theoretisch, wie gesagt. Wie viele Goldatome waren also im ursprünglichen Barren? Das könnte man über die Häufigkeit der Teilungen errechnen, aber die Zahl ist bereits bekannt: die „Avogadro-Konstante", etwa 602 Trilliarden Teilchen.[4] „Trilliarde", das ist ja nur ein Wort, werden Sie sagen. Schon eine Milliarde

---

[3] Wenn Sie sich über das merkwürdige Gewicht von 197 g wundern: Das ist genau ein „mol" Gold. Das „mol" ist das Äquivalent des Molekulargewichtes in Gramm, wie Sie gleich sehen werden.

[4] Die Avogadro-Konstante ist für alle Elemente in einer bestimmten (unterschiedlichen) Gewichtsmenge gleich. Sie hat den Wert $6{,}022141\ldots \times 10^{23}$. So viele Atome sind in 107 g Silber oder 12 g Kohlenstoff oder 16 g Sauerstoff (jeweils 1 mol) enthalten. Eine Zahl mit 23 Nullen. Man kann ausrechnen, dass $6 \times 10^{23} \approx 2^{79}$ ist, also sind es fast exakt 79 Teilungen.

können Sie sich kaum vorstellen: 1 Mrd. mm = 1000 km. Eine Trilliarde sind tausend Milliarden Milliarden.[5] Das ist also die Zahl 602, wenn man noch 21 Nullen anfügt. Entsprechend groß bzw. klein sind die Atome – etwa ein Zehntel eines Milliardstel Meters. Diese Zahlen können Sie sich nicht vorstellen? Rechnen wir eine Analogie aus: Wenn ein Goldatom so groß wie eine Glasmurmel wäre, 1 cm im Durchmesser – wie groß müsste unser Goldbarren sein, um die 602 Trilliarden Murmeln zu enthalten? Ein Würfel von 100 m Kantenlänge? Oder 1000 m? Oder 10 km? Oder … Halten Sie sich fest: es ist ein Würfel von etwa 844 km Kantenlänge, ein Tafelberg von 844 km Länge, 844 km Breite und 844 km Höhe (wo vielleicht Fernmeldesatelliten in der Erdumlaufbahn mit ihm kollidieren).[6] Pures Gold, wenn ein Goldatom so groß wie eine Glasmurmel wäre. Wenn Sie sich auch einen solchen Würfel nicht vorstellen können, so rechnen Sie ihn doch in eine Platte um: 602.000.000 km^3 Gold auf der Gesamtfläche der Erde mit 510.000.000 km^2 (einschließlich der Meeresoberfläche!) aufgeschichtet bedeckt eine Höhe von 1180 m … mit Goldmurmeln. Aus einem 200-g-Barren!

Wären Sie gerne Milliardär? Um jedem Menschen dieser Erde (ca. 7 Mrd.) *eine Milliarde* Goldatome zu schenken, bräuchten Sie nur ca. 2 mg (Milligramm, also 2/1000 g).[7] So klein ist ein Atom. Die Atome sind so klein, dass sie zum Teil ganz andere Eigenschaften haben als ein Goldbarren bzw. nicht haben: Ein Goldatom z. B. hat keine goldgelbe Farbe. Sie können es – im Unterschied zu einem Goldklümpchen – auch nicht auf 50 °C erhitzen, denn ein Atom hat keine Temperatur. Apropos „Temperatur": Die gedachten Goldmurmeln liegen natürlich nicht still – sie bewegen sich unruhig hin und her, und zwar umso mehr, je höher die Temperatur des Murmelhaufens ist. Erst beim absoluten Nullpunkt, 0 K, ist Ruhe im goldenen Tafelberg. Denn Temperatur ist nichts anderes als Bewegung von vielen Atomen.

Wie viele verschiedene Arten von Atomen gibt es? So viele, wie es unterschiedliche chemische Elemente gibt: Bis jetzt hat man 118 Stück gefunden bzw.

Benannt ist sie nach dem italienischen Naturwissenschaftler Lorenzo Romano Amedeo Carlo Avogadro, Conte di Quaregna e Cerreto (1776–1856).

[5] 1 Mrd. mm = 1000 km: $10^9 \times 10^{-3} = 10^3 \times 10^3$. 1 Trilliarde = 1000 Mrd. Mrd.: $10^{21} = 10^3 \times 10^9 \times 10^9$.

[6] Zur Kontrolle: $8,44 \times 8,44 \times 8,44$ ist ungefähr 601. Weil $10 \times 10 \times 10 = 1000$ ist (3 Nullen hinter der 1) und $100 \times 100 \times 100 = 1.000.000$ ist (6 Nullen hinter der 1), braucht man nur die Zahl der Nullen mit 3 zu multiplizieren. Die Avogadro-Konstante ist 602 mal eine 1 mit 21 Nullen dahinter, also 10.000.000 (7 Nullen) dreimal mit sich selbst multipliziert. 10 Mio. cm sind 100.000 m = 100 km. Also $8,44 \times 100$ km = 844 km.

[7] Überschlägige Rechnung: 7×10^9 Menschen $\times 10^9$ Atome/Mensch $\approx 7 \times 10^{18}$ Atome. 200 g (1 mol): 6×10^{23} Atome = x [g]: 7×10^{18} Atome $\Rightarrow$ x $\approx 200 \times 10^{-5} = 2 \times 10^{-3}$ g.

experimentell hergestellt.[8] Daraus besteht alles: Das Weltall, die Erde … und Sie. Sie enthalten bei 70 kg Gewicht etwa 43 kg Sauerstoff und 7 kg Wasserstoff – hauptsächlich in Form von Wasser, also zu Molekülen zusammengefügten Atomen. Dazu kommen ca. 16 kg Kohlenstoff, das wichtigste Atom in „organischen" Verbindungen, die in allem Lebendigen vorkommen. Plus fast 2 kg Stickstoff, aber nur 4 g Eisen, 7 mg Arsen und etwa 35 weitere Elemente.[9] Aber natürlich nicht in reiner Form: Die Atome der Elemente verbinden sich – ein chemischer Prozess – zu „Molekülen". Aber dazu kommen wir später.

Noch eine Anmerkung: normalerweise spielt die Avogadro-Zahl im täglichen Leben keine große Rolle. Doch in der Homöopathie taucht sie auf. Nehmen wir zum Beispiel *Nux vomica D30*, ein Homöopathikum aus der „Gewöhnlichen Brechnuss". „D30" bedeutet eine dreißigfache Verdünnung in der Dezimalpotenz (Verdünnung $1:10$, man nennt es „Potenzen"), also eine Verdünnung von $1:10^{30}$. Wir können auch 10^{-30} schreiben, eine 1 mit 30 Nullen hinter dem Komma. Die „Avogadro-Konstante" besagt, dass sich in 18 g Wasser (H_2O) ca. 6×10^{23} Moleküle befinden – wie schon gesagt: ein kleines Schnapsglas voll. Also brauchen wir $18 \times 10^{30}/6 \times 10^{23} \approx 3 \times 10^{7}$ g Wasser, damit sich noch ein einziges Brechnuss-Molekül darin befindet. Das sind 30 T Wasser – ein kleiner Pool voll. Dies wird in kleinen 10-ml-Fläschchen verkauft, von denen wir drei Millionen Stück zu je 6 € herstellen können. In welchem sich wohl das Brechnuss-Molekül befindet? Ein gutes Geschäft!

2.2   Materie scheint nicht immer stabil zu sein

Im Jahre 1896 entdeckte der französische Physiker Antoine Henri Becquerel, dass Uransalz gut verpackte fotografische Platten schwärzte, also offensichtlich etwas die Verpackung durchdringen konnte. Diese Uranverbindungen lagen einfach so herum, zerfielen aber anscheinend ohne erkennbaren Grund spontan in andere Elemente und gaben dabei eine Art von „Strahlung" ab. Die Physikerin Marie Curie beschloss, die „Becquerel-Strahlung" für ihre Doktorarbeit zu untersuchen. Marie und Pierre Curie fanden dann 1898 zwei bisher unbekannte chemische Elemente, das Radium und das Polonium, als Zerfallsprodukte der Pechblende (einem uranhaltigen Mineral), und 1903 wurde die Arbeit der drei mit dem Nobelpreis für Physik belohnt.

---

[8] Die meisten jenseits von Uran (92 Protonen, Atomgewicht 238) sind „superschwere Elemente" oder „Transurane", die in der Natur nicht vorkommen und erst nach 1940 entdeckt bzw. hergestellt wurden.

[9] Quelle: https://de.wikipedia.org/wiki/Liste_der_Häufigkeiten_chemischer_Elemente#Zusammensetzung_des_menschlichen_Körpers_(ca._70_kg).

Aber was waren das für „Strahlen"? 1898 gelang dem Atomphysiker Ernest Rutherford, zwei offensichtlich unterschiedliche Arten von Strahlung durch ihr unterschiedliches Durchdringungsvermögen von Materialien zu unterscheiden. Er nannte sie „Alphastrahlen" und „Betastrahlen". Anderen Physikern gelang es, sie mit einem Magnetfeld abzulenken und so zu trennen: Die „Alphastrahlen" sind positiv geladen und die „Betastrahlen" negativ. Dann kam wieder Rutherford zum Zuge: Er verglich Spektrallinien bei Gasentladungen mit den Alphateilchen und konnte sie 1908 als Teilchen identifizieren, die irgendetwas mit Helium zu tun hatten.

Also musste man offensichtlich erst einmal in die Winzigkeit der Atome, in ihr Inneres, eindringen. Sie sind keineswegs die Unteilbaren, für die man sie gehalten hatte. Jetzt musste man herausfinden, wie denn dieses Helium „von innen" aussah – und die anderen etwa 100 Elemente auch.

2.3   Wir schauen uns ein Atom genauer an

Das ist leichter gesagt als getan. Das Auflösungsvermögen optischer Mikroskope beträgt ungefähr die halbe Wellenlänge des Lichts, ca. $d = \lambda/2$. Der Teil des elektromagnetischen Spektrums, den wir als Licht bezeichnen, reicht von etwa 380 nm (violett) bis 780 nm (dunkelrot) für die Wellenlänge λ. Also ist die Grenze im Extremfall ca. $\frac{1}{2} \times 380 \times 10^{-9} = 1,9 \times 10^{-7}$ m $= 190$ nm.

„Wie groß ist denn ein Atom?", werden Sie fragen. Machen wir eine grobe Schätzung: In 197 g Gold sind 6×10^{23} oder 600×10^{21} Goldatome. Bei einer Dichte von 19,3 g/cm^3 sind das ca. 10 cm^3 Gold. An jeder Kante des Würfels – er hat die Kantenlänge $\sqrt[3]{10} = 2,514$ cm – reihen sich $\sqrt[3]{600} \times 10^7 \approx 8,4 \times 10^7$ Goldatome auf. Keines kann also größer als $0,3 \times 10^{-7}$ cm $= 3 \times 10^{-10}$ m sein, grob ein Tausendstel der optischen Auflösungsgrenze. Also: Wie Sie sehen, sehen Sie *nichts*! So funktioniert Physik über den dicken Daumen …

Ein *sehr* dicker Daumen … Denn ein Atom ist nur etwa 0,1 nm $= 1 \times 10^{-10}$ m „groß". Also brauchen wir „Licht" mit kürzerer Wellenlänge λ. Dazu eignet sich die Röntgenstrahlung mit einer Wellenlänge von 10^{-8} bis 10^{-11} m, wobei die „weiche" Röntgenstrahlung mit den größeren Wellenlängen auch ausscheidet. Doch was man „sieht", ist auch nur ein unscharfes, merkwürdig strukturiertes Wattebällchen.[10]

Um 1900 herum wollte man nun wissen, wie ein Atom von innen aussieht. Man experimentierte schon mit Kathodenstrahlen, also mit Elektronen (ohne es zu ahnen). Man wusste, dass die kleinsten Teilchen aus zwei verschiedenen Ladungen

---

[10] Vergl. z. B. „Unsere Quantenwelt/Atome" in http://de.wikibooks.org/wiki/Unsere_Quantenwelt/_Atome.

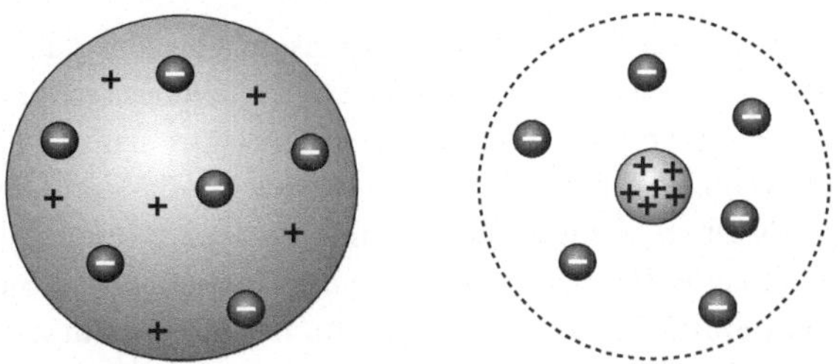

Abb. 2.1 Thomson'sches und Rutherford'sches Atommodell

bestehen mussten, positiven und negativen. Man hatte festgestellt, dass die negativen Elektronen von Atomen absorbiert werden. Jetzt lag die Vermutung nahe, dass ein Atom eben nicht unteilbar sei, sondern mindestens aus solchen positiven und negativen Einzelteilen bestand. Sir Joseph J. Thomson entwickelte daraus ein erstes Atommodell, das manche mit feinem englischem Humor als Plumpudding- oder Rosinenkuchenmodell bezeichneten (Abb. 2.1 links).[11] Das Atom war in dieser Vorstellung ein positiv geladener Knödel, in den so viele Elektronen als Rosinen eingebacken waren, wie der positiven Ladung des Knödels entsprach.

„Das wollen wir doch einmal sehen!", dachte sich ein paar Jahre später Ernest Rutherford. Er beschoss die Atome in einer superdünnen Goldfolie mit radioaktiven Strahlen, eigentlich mit subatomaren Teilchen (anders gesehen: mit zweifach ionisierten Heliumatomen), seinen „Alphastrahlen". Das ging als „Streuexperiment" in die Geschichte ein.[12] Aus Gold lassen sich besonders dünne Folien schlagen (Blattgold), die eine dünne Schicht der vermuteten schweren und dicken „Knödel" bilden. Das Ergebnis war auf den ersten Blick enttäuschend: Die Teilchen gingen durch den Knödel wie Schrotkugeln durch Butter. Aber nicht alle. Einige – extrem wenige, nur etwa eins von vielen Millionen – wurden gestreut oder sogar reflektiert. Das erlaubte nur eine Erklärung: Der Knödel, also der harte Kern mit der positiven Ladung, ist extrem klein (Abb. 2.1 rechts). Nur der Kern streut die „Schrotkugeln" – und da das so selten passiert, muss er im Vergleich zur Größe des Atoms winzig sein. Auch wenn die „Rosinen" die Strahlen gestreut hätten, hätten bei einem *dicken* positiven Kern nicht die allermeisten glatt hindurch fliegen

---

[11] Siehe http://de.wikipedia.org/wiki/Liste_der_Atommodelle und alle dort genannten Modelle.

[12] Die „Rutherford-Streuung" wurde 1909 bis 1913 untersucht. Siehe http://de.wikipedia. org/wiki/Streuexperiment, http://de.wikipedia.org/wiki/Rutherford-Versuch. Siehe auch Geiger, H. et al.: *On a Diffuse Reflection of the α-Particles*. Proc. Roy. Soc. 1909 A vol. 82, pp. 495–500 (http://chemteam.info/Chem-History/GM–1909.html).

dürfen. Das Atom ist „leer"! Es wirkt als Ganzes durch seine stabile Elektronen-hülle, hat aber nur einen winzigen schweren Kern, in dem fast seine gesamte Masse versammelt ist. Denn man wusste schon, dass die Elektronen viel leichter als die Kernbestandteile sind. Das verblüffte den Entdecker so, dass er einen plastischen Vergleich zog: „Es ist so ziemlich das unglaubwürdigste Ereignis, das mir je in meinem Leben passierte. Es war fast genauso unglaublich, als ob Sie eine 38-cm-Granate gegen ein Stück Seidenpapier abfeuern, und sie kommt zurück und trifft Sie."[13] So hat der 1. Baron Rutherford of Nelson gewissermaßen aus dem Rosinen-kuchenmodell „die Rosinen herausgepickt". 1919 entdeckte Rutherford, dass der Kern des Wasserstoff-Atoms aus einer einzigen positiven Ladungseinheit besteht. Es ist das kleinste, am einfachsten aufgebaute Atom. Deshalb wurde dem positiven Teilchen der Name Proton (griechisch: *prōton* „das erste") gegeben.

---

[13] Quelle: M. Hecker: Der Rutherfordsche Streuversuch (© 1997 by Prof. Dr. Volker Schubert) in http://groups.uni-paderborn.de/cc/arbeitsgebiete/rutherford/(mit schöner Animation des Streuversuchs).

Woraus besteht das „Nichts" der Materie?

3

Am folgenden Tag saß Siggi in seiner Hütte und „meditierte", wie er es nannte. So hatten Rudi und Eddi Zeit, über seine Worte nachzudenken. Der Physiker sprach das Problem an: „Was hat er gesagt? ‚Gebt euch damit erst einmal zufrieden!', das hört sich komisch an. Es klingt so, als wäre das Atom seinerseits zerlegbar. Wenn alle Materie nur aus wenigen Elementen besteht, bestehen die Atome in diesen Elementen vielleicht nur aus *ganz* wenigen Teilen. Das wäre ja …" „… eine Sensation", ergänzte Eddi, „Aber woher weißt du das?" „Ich weiß es nicht", gestand Rudi. Eddi war unzufrieden: „Was ist das für eine Wissenschaft, die zugibt, dass sie etwas nicht weiß?!!" „Das ist die *wahre* Wissenschaft. Sie kennt ihre Grenzen. Wir behaupten nicht, alles zu wissen. Ich schlage vor, wir warten, bis Siggi wieder aufwacht, um ihn zu fragen."

Das war die Geburtsstunde des „Zukunftskollegs". Von nun an musste Siggi regelmäßige Zeitreisen unternehmen, um den Wissensdurst der beiden zu befriedigen. Den ersten Bericht, den er am nächsten Tag ablieferte, können wir verkürzt wiedergeben:

3.1 Das Unteilbare, aufgeschraubt

Siggi war anfänglich nur bis zum Anfang des 20. Jahrhunderts gereist, als man die Atomspaltung noch nicht entdeckt hatte. Denn erst 1938 gelang es Otto Hahn und seinem Assistenten Fritz Straßmann, ein Uranatom zu zerlegen. Genauer gesagt: Sie zerlegten seinen *Kern* in zwei Teile. Wie haben sie das gemacht? Und wie haben sie es gemerkt?

© Springer Fachmedien Wiesbaden 2016
J. Beetz, *Atomphysik für Höhlenmenschen und andere Anfänger,* essentials,
DOI 10.1007/978-3-658-11105-2_3

Abb. 3.1 Der Aufbau des
Heliumatoms

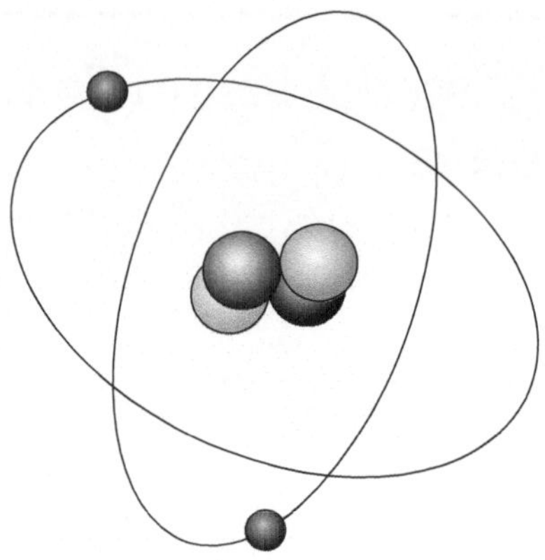

Nun, Uran ist ein Element. Die beiden Forscher beschossen es mit einer neuen Art „Strahlung", die man zwischen 1930 und 1932 entdeckt hatte. Man hatte ein chemisches Element namens Beryllium mit Alphastrahlung (Helium-4-Atomkernen) beschossen. Heraus waren schnell bewegte Teilchen gekommen, die ungefähr die Masse des Protons besaßen, jedoch elektrisch neutral waren. Man nannte sie „Neutronen".[1] Durch den Beschuss mit diesen Neutronen zerlegten Hahn und Straßmann Uran in Barium und Krypton, ebenfalls zwei Elemente, die sie nachweisen konnten. Wo sollten sie hergekommen sein, wenn nicht aus dem zerlegten Urankern?!

Um das zu verstehen, müssen wir uns anschauen, wie jedes Atom der etwa 100 Elemente aufgebaut ist.[2] Nehmen wir als Beispiel Helium, das (nach Wasserstoff) das zweithäufigste Element im Universum ist. Ein Gas, das Sie aus Ballons kennen.

Das Atom sieht aus wie ein kleines Sonnensystem (genauer gesagt: Es sieht *nicht* so aus, aber man kann es sich so vorstellen – obwohl der Physiker Werner Heisenberg gesagt hat: „Versuchen Sie es gar nicht erst!"). Zu den schon bekannten Bausteinen, den Protonen und Elektronen, kommt also nun ein elektrisch neutrales Teilchen hinzu: das Neutron. Das Atom besteht nun aus einem Kern, in dem Neutronen und Protonen versammelt sind. Für die beiden Teilchen verwendet man auch die Sammelbezeichnung „Nukleonen". Um diesen Kern herum schwirren Elektronen (Abb. 3.1). Als man dieses Atom-Modell entwickelte, hielt man sie für die kleinsten Teilchen und nannte sie „Elementarteilchen". Ein Irrtum, wie sich später

---

[1] Quelle: https://de.wikipedia.org/wiki/Neutron#Geschichte_der_Entdeckung_und_Erforschung.

[2] Zur Erklärung: „etwa 100 Elemente" deutet darauf hin, dass man bis heute 118 Elemente gefunden bzw. künstlich hergestellt hat, von denen aber nur 94 auf der Erde vorkommen (80 stabile plus 14 radioaktive).

herausstellen sollte – es gibt *noch* kleinere Teilchen. Dieses Sonnensystem (inspiriert vom kopernikanischen Weltbild) wird nach dem dänischen Physiker Niels Bohr das Bohr'sche Atommodell genannt. Die Elektronen bewegen sich darin auf verschiedenen gedachten „Schalen", bewegen sich also nicht nur auf einer äußeren Bahn, sondern auch in tieferen Schichten.[3]

Nun glauben Sie bitte nicht, dass dies ein maßstäbliches Bild wäre. Die wahren Größenverhältnisse sind ganz andere: der Kern (der Klumpen aus Neutronen und Protonen) und die Hülle (die Elektronenwolke) verhalten sich wie 1 : 100.000. Also schwebt im Petersdom (211,5 m lang und 138 m breit) oder in der Mitte des Kolosseums in Rom ein Kügelchen von der Größe eines Stecknadelkopfes. Es stellte sich nämlich heraus, dass der Kerndurchmesser nur etwa 10^{-15} m beträgt.

Bei schweren Atomen mit vielen Nukleonen (z. B. Uran im Vergleich zu Helium) ist das Verhältnis Kern zu Atomhülle nur noch 1 : 10.000 (Kerndurchmesser ca. 10^{-14} m). Der Kern erreicht dann eine Grenze der Stabilität und deformiert sich immer stärker zigarrenförmig. Der Stecknadelkopf unseres Vergleiches wird dann zur Murmel.[4] Vergleichen wir den Kern mit einer Kugel von 1 cm Durchmesser, so hat das Atom selbst einen Durchmesser von 100 m bis 1 km. Ein anderer Vergleich: Hätte ein Atom die Größe der Erde, so müsste sein Kern so groß sein wie eine Kugel mit einem Radius von 60 m. Oder nur 6 m bei einem leichten Atom. Diese Kugel im Erdzentrum repräsentierte die gesamte Masse der Erde, und zwischen ihr und der Erdkruste (der äußeren Hülle der Erde, also des Atoms) wäre … nichts! Nichts! Ein Atom besteht also aus … *nichts*!? Ja, zumindest größtenteils.

Das Heliumatom (Abb. 3.1) hat zwei Neutronen und zwei Protonen im Kern – somit (weil die Zahl der Elektronen bei elektrisch neutralen Atomen gleich der Zahl der Protonen ist) zwei Elektronen in der Hülle. Man würde es mit seinem Kürzel „He" als $^{4}_{2}$He schreiben, denn sein Atomgewicht ist 4 (2 Neutronen $+2$ Protonen). Nun schaffen wir nämlich Ordnung: Die Ordnungszahl (auch Kernladungszahl genannt) ist die Anzahl der Protonen im Atomkern und ist identisch mit der Ladungszahl des Atomkerns. „He" hat also die Ladungszahl 2. In einem ungeladenen Atom stimmt die Zahl der Elektronen in der Atomhülle mit der Zahl der Protonen im Kern überein. Daher gibt die Ordnungszahl auch die Elektronenzahl

---

[3] Das „Bohr'sche Atommodell" ist das bekannteste Modell. Niels Bohr entwickelte es 1913. Es entspricht nicht ganz der „Wirklichkeit", ist aber eine gute Annäherung. Genauer gesagt: Es ist physikalisch „falsch", aber zur Erklärung chemischer Prozesse ausreichend. Man kommt heute an dieser Stelle nicht mehr daran vorbei, das Atommodell der Quantentheorie einzuführen. Siehe de.wikipedia.org/wiki/Liste_der_Atommodelle (von dort auch das Heisenberg-Zitat) und http://de.wikipedia.org/wiki/Bohrsches_Atommodell.

[4] Quelle: „Die Grenzen der Stabilität" in „Welt der Physik": Atomkerne (http://www.weltderphysik.de/gebiet/teilchen/hadronen-und-kernphysik/atomkerne/).

im neutralen Atom an. Woraus wir messerscharf schließen können, dass es auch *nicht* neutrale, also geladene Atome gibt. Die Ordnungszahl legt die chemischen Eigenschaften und damit den Namen des Elements fest, d. h., alle Atome mit gleicher Ordnungszahl gehören zum selben Element. Das oben gezeigte Kürzel lautet also in allgemeiner Schreibweise:

$$^A_Z \text{Symbol}$$

Die Ordnungszahl wird links unten neben dem Elementsymbol angegeben: A = Atomgewicht oder Massenzahl und Z = Ordnungszahl oder Kernladungszahl. Das Atomgewicht ist einfach eine Zahl relativ zum leichtesten Atom, dem Wasserstoff mit einem einzigen Proton im Kern (A = 1). Dabei lässt sich die Neutronenzahl N eines Atomkerns aus der Massenzahl A und der Ordnungszahl Z berechnen: N = A−Z, denn Proton und Neutron haben ungefähr die gleiche Masse.

So weist z. B. das Kohlenstoffatom 6 Protonen auf, hat aber das Atomgewicht 12, weil noch 6 Neutronen im Kern sitzen:

$$^{12}_{6} \text{C}$$

Das Periodensystem der Elemente (Abb. 3.2) bringt alle bekannten Elemente in eine sinnvolle Ordnung.[5]

Es würde zu weit führen, es im Einzelnen zu erläutern – das Internet ist voll von Informationen darüber. Es sollte nur gezeigt werden, in welch schöner und logischer innerer Ordnung sich unser Mikrokosmos befindet.

3.2 Die Wanderer unter den Elementen: „Ionen"

Das einfachste Element, Wasserstoff, hat ein einsames Proton im Kern, dem meist ein Elektron in der Schale Gesellschaft leistet. „Die Zahl der Elektronen ist *fast* immer gleich der Zahl der Protonen", haben wir gesagt – was bedeutet das denn? Atome sind nach außen elektrisch neutral – es sei denn, sie haben ein äußeres Elektron verloren oder sich zusätzlich eins eingefangen. Oder mehr als eins. Dann möchten sie zu ihrem elektrischen Gegenpol wandern – die negativen Atome zum Pluspol und die positiven zum Minuspol. Das heißt ein negatives „Ion" zu einem positiven und umgekehrt. Denn jetzt kommen wieder die alten Griechen: *ión* heißt

---

[5] Siehe u. a. Andy Hoppe: Das Periodensystem der Elemente (interaktiv) in http://www.periodensystem.info/ (von dort auch der Bildausschnitt in Abb. 3.2).

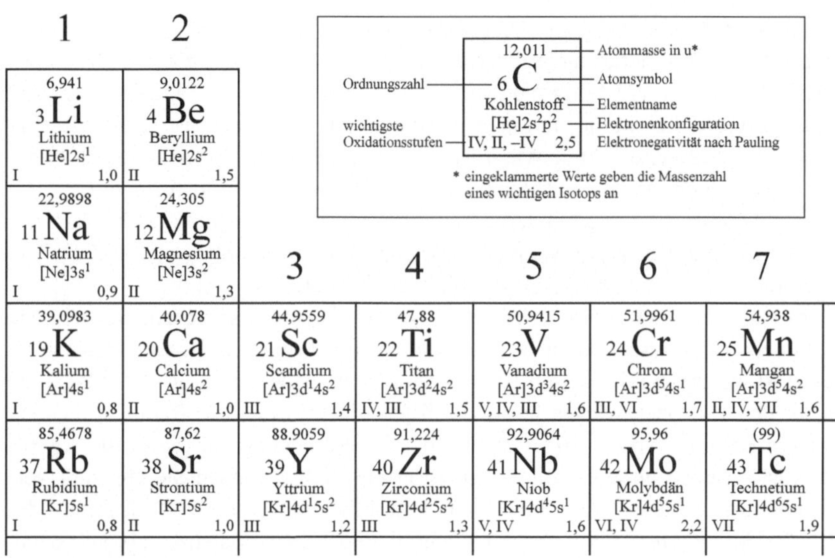

Abb. 3.2 Ausschnitt aus dem Periodensystem der Elemente

„gehend", also heißen diese Wanderer „Ionen". Durch die Ionisierung ändert sich das chemische Element, also die Ordnungszahl, jedoch nicht.

Ein Ion ist ein Atom, so wie ein Cabriolet ein Auto ist. Das hat manchmal ein Dach und manchmal auch nicht. Oder es hat auch zwei Dächer, nämlich noch ein Hardtop. Ein Ion ist ein „geladenes" Atom. Im einfachsten (und extremsten) Fall ist es nicht mal ein Atom im engeren Sinne, sondern nur ein freies Proton. Wie geht denn *das*? Wasserstoff ist das einfachste Atom: ein Proton, ein Elektron, fertig. Sie erinnern sich? Das einsame Elektron kann durch energiereiche Strahlung (z. B. UV-Strahlung) weggeschossen werden und das Proton bleibt übrig.

Andere Familienmitglieder sind „Isotope". Das sind Atome, deren Kerne gleich viele Protonen enthalten, aber verschieden viele Neutronen. Es handelt sich dann um ein und dasselbe Element. Die Isotope verhalten sich also chemisch weitgehend identisch, haben aber verschiedene Massenzahlen. Fast alle Elemente haben mehrere Isotope (stabile und oft auch instabile, die von selbst zerfallen), gerade die höheren Kerne. Aber sie fangen gleich vorne an: Wasserstoff und „schwerer Wasserstoff" („Deuterium" genannt) und ein noch dickerer Kerl: „Tritium". Der normale Wasserstoff hat ein Proton im Kern, Deuterium besitzt ein Proton und ein Neutron, Tritium ein Proton und zwei Neutronen.

Atome mit wenigen Neutronen und Protonen im Kern sind leicht, die mit vielen sind schwer. Das merkt man schon am Gewicht: Wasserstoff ist ein leichtes Gas, Blei (82 Protonen, 125 Neutronen) ein schwerer Klumpen. Wer hätte das gedacht!? Apropos Gewicht: Atome sind nicht nur unfassbar klein, sondern auch unfassbar leicht: Ein Wasserstoff-Atom wiegt $1{,}66 \cdot 10^{-27}$ kg. So kann man sein Atomgewicht $A = 1$ in ein „richtiges" Gewicht in Gramm umrechnen. Ein Gold-Atom mit $A = 197$ (Ach so! Daher die 197 g Gold, die Eddi zerlegen sollte) wiegt $327 \cdot 10^{-27}$ kg, Blei hat $A = 207$ und das schwerste natürliche Element ist Plutonium mit $A = 244$. Die noch fetteren Brocken lassen sich nur künstlich herstellen.

In Kap. 2.1 des Physikbuches hatten wir von Dichte gesprochen, Gewicht pro Volumen. Lassen Sie uns ein wenig rechnen: Ein Proton (z. B. ein Wasserstoffkern) ist winzig (Radius knapp 10^{-15} m) und leicht (Masse ca. $1{,}66 \cdot 10^{-27}$ kg, s. o., denn die Elektronen wiegen ja praktisch gar nichts). Aus dem Radius errechnen wir ein Volumen von $4 \cdot 10^{-45}$ m^3 und damit eine Dichte von ca. $4 \cdot 10^{17}$ kg/m^3. Dies ist – salopp gesagt – eine ziemlich große Dichte. Lassen Sie uns zum Vergleich einen weiteren Wert umrechnen: Platin hat eine Dichte von 21 g/cm^3 oder $2{,}1 \cdot 10^4$ kg/m^3. Der Atomkern ist unvorstellbare 13 Zehnerpotenzen (10 Billionen, falls Sie sich *die* vorstellen können) mal dichter. Oder mit einem anderen Beispiel (das Sie sich auch nicht vorstellen können): Die Erdmasse beträgt ca. $5{,}9 \cdot 10^{24}$ kg. Diese Masse in Atomkern-Dichte entspricht einem Würfel mit 245 m Kantenlänge, der in Manhattan gut ins Stadtbild passen würde.[6] Den Atomkern kriegt man also nicht kaputt, denkt man. Kriegt man aber doch, wie Sie wissen – und so bekommt man eine Ahnung, wie energiereich die Strahlung sein muss, um ihn zu spalten!

Jetzt ist die zentrale Frage: Welche Eigenschaften haben die kleinen Kügelchen der Atom-Bestandteile? Wie groß sind sie? Ein Atom selbst ist ja schon unvorstellbar klein – etwa 10^{-10} m. „Ein Atom" – das ist das ganze Gebilde, das nach außen (z. B. chemisch) als diese Ganzheit in Erscheinung tritt. Unser Goldatömchen ist ein solches Ding, nur dass es in seinem Kern und in seinem Elektronenorbit wesentlich voller ist, weil sich dort viel mehr Teilchen tummeln.

Ein Neutron hat einen Durchmesser von ca. $1{,}7 \cdot 10^{-15}$ m – schauen wir uns die Daten im groben Überblick an (Tab. 3.1).[7] Hinsichtlich der Masse gibt es interessante Einzelheiten bei den Elementarteilchen: Ein Proton wiegt (genauer gemessen) $1{,}672\ 621\ 777 \cdot 10^{-27}$ kg, ein Elektron $9{,}109\ 382\ 91 \cdot 10^{-31}$ kg. Teilt man die Protonenmasse durch die Elektronenmasse, so ergibt sich ein Verhältnis von 1.836 : 1. Ein Neutron wiegt $1{,}674\ 927\ 351 \cdot 10^{-27}$ kg, also ungefähr so viel wie ein Proton.

---

[6] Rechnen Sie mit: $5{,}9 \cdot 10^{24} / 4 \cdot 10^{17} = 14{,}7 \cdot 10^6$ m^3. Daraus die 3. Wurzel sind $2{,}45 \cdot 10^2$ m. Das *Empire State Building* ist (ohne Antennenspitze) 381 m hoch.

[7] Siehe dazu div. Quellen, z. B.: http://www.zw-jena.de/energie/grundlagen.html

Tab. 3.1 Die drei Atombausteine (Elementarteilchen)

	Neutron	Proton	Elektron
Masse (kg)	$1{,}67 \times 10^{-27}$	$1{,}67 \times 10^{-27}$	$9{,}11 \times 10^{-31}$
Ladung	0	+	−
Durchmesser (m)	$1{,}7 \times 10^{-15}$	$1{,}7 \times 10^{-15}$	$<10^{-19}$

Aber nur *ungefähr*, denn das Neutron ist 0,1378 % schwerer. „Was soll's!?", werden Sie sagen. Doch diese Zahlen werden noch eine Rolle spielen, wenn wir uns fragen, wieso das Universum überhaupt zusammenhält (das wird im Springer *essential* „Kosmologie für Höhlenmenschen und andere Anfänger" erörtert).

3.3 Radio-Aktivität und zerfallende Atomkerne

Wenn Sie hier an eifrige Mitarbeiter eines Rundfunksenders denken, liegen Sie falsch. Unter „Radioaktivität" versteht man die Abgabe von Strahlung von „instabilen" Atomen.

Beim natürlichen Zerfall der instabilen Atome kann man nicht sagen, wann und aufgrund welcher Ursache ein bestimmtes Atom zerfällt. Die Ursache-Wirkungs-Kette wird beim radioaktiven Zerfall aufgehoben. Es *gibt* schlicht keine Ursache, denn die Welt der Allerkleinsten ist oft nicht deterministisch. Was man aber kennt, ist die „Halbwertszeit". Das ist die Zeit, nach der die gewichtsmäßige Hälfte des Materials zerfallen ist. Machen Sie keinen Denkfehler: Nach zwei Halbwertszeiten ist *nicht* alles weg, sondern wieder die Hälfte der verbliebenen Hälfte. Theoretisch ist also *nie* „alles" weg, denkt man an die riesige Zahl von Atomen in ein paar Gramm Materie. Das ist nicht unbedingt tröstlich, wenn man einige Halbwertszeiten kennt. Beim radioaktiven Caesium ^{137}Cs sind es mäßige 30 Jahre, bei Plutonium ^{239}Pu satte 24.110 Jahre – vom Uran ^{238}U mit 4,4 Mrd. Jahren wollen wir gar nicht erst reden (diese Zeit hat die Erde zu ihrer Entstehung aus der Verdichtung des Sonnennebels bis heute gebraucht). Bei dem in der ersten Atombombe verwendeten Uran ^{235}U sind es unerfreulich lange 703.800.000 Jahre.[8] Natürlich hängt die Gefährlichkeit primär von der Stärke der Radioaktivität ab.

Hier treffen wir wieder auf die Abklingfunktion in der Form $y = e^{-ax}$, die viele aus der Mathematik kennen. Sie gilt auch für den radioaktiven Zerfall. Sehen Sie sich doch einmal die Kurve „Atom 1" (markiert mit der Raute „♦") in Abb. 3.3

---

[8] Diese und einige folgende Sätze wörtlich aus Jürgen Beetz: $1+1=10$ – Mathematik für Höhlenmenschen. Springer, Heidelberg 2012, S. 113 f.

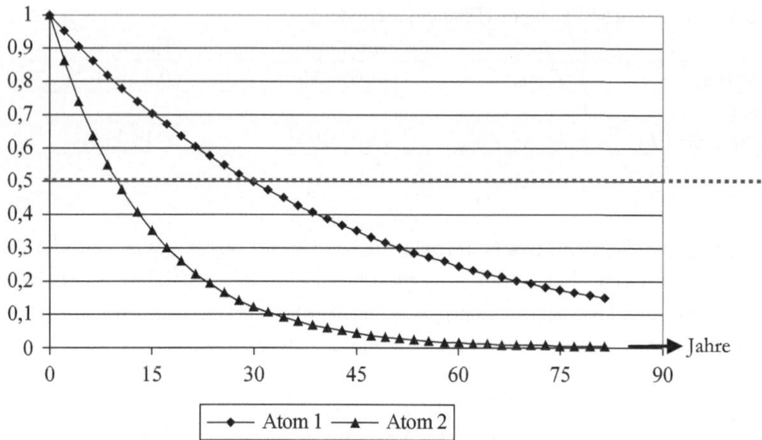

Abb. 3.3 Zwei Atomarten mit unterschiedlichen Halbwertszeiten

waagerecht bei $y = \frac{1}{2}$ an. Dort ist die Kurve auf die Hälfte abgesunken. Wenn Sie von dort auf die x-Achse herunterloten, landen Sie bei etwa $x = 30$ Jahren: die Halbwertszeit von Caesium ^{137}Cs. Nach 60 Jahren ist davon noch $\frac{1}{4}$ vorhanden, während „Atom 2" wesentlich schneller zerfällt.

Welche praktischen Anwendungen hat dieses Gesetz? Das erkennen Sie, wenn ich Ihnen erzähle, dass Rudi zur Zeit seiner physikalischen Studien achtlos einen abgenagten Mammutknochen in die Gegend geworfen hatte. Das sollte ein Nachspiel haben. Allerdings erst *sehr* viel später, genauer: vor kurzer Zeit, als der britische Archäologe Ive Gotcha Reste von ihm bei Ausgrabungen fand.[9] Da war es natürlich vordringlich, zuerst das Alter des Fundstücks zu bestimmen. Dazu eignet sich die Radiokohlenstoffdatierung, auch „Radiokarbonmethode" genannt.

Wir leben ja in einer „Kohlenstoff-Welt", denn Grundlage aller organischen Verbindungen ist dieses chemische Element mit dem Kürzel „C". Alles lebende Gewebe ist aus Kohlenstoffverbindungen aufgebaut. Im Graphit und im Diamant liegt Kohlenstoff (auch *Carbon* genannt) sogar in reiner Form vor. Sein Atomgewicht beträgt 12 – in der Regel. Das heißt, in seinem Kern sind 12 „Kügelchen" angesiedelt, nämlich 6 Protonen und 6 Neutronen. Es gibt aber noch zwei Varianten, die ein oder sogar zwei Neutronen mehr haben, also im Kern 13 bzw. 14 „Kügelchen" besitzen. Isotope also. Sie sind selten: Während ^{12}C (so die Ihnen

---

[9] Ive Gotcha: *The extinction of the woolly mammoth (Mammuthus primigenius) in Europe.* Quaternary International 126–128 (2005), S. 71–74.

ja schon bekannte Fachbezeichnung) in etwa 98,89 % der Masse und ^{13}C in etwa 1,11 % vorkommen, taucht ^{14}C nur in 0,000.000.000.1 % (also 10^{-10} %) auf. Auf 10^{12} (1 Billion) ^{12}C-Kerne kommt so statistisch gesehen nur ein einziger ^{14}C-Kern. Und er ist – im Gegensatz zu ^{12}C und ^{13}C – nicht stabil. Daher der Name „Radiokohlenstoff", weil er strahlt (lateinisch *radiare* „strahlen" und *radius* „der Strahl"). Er zerfällt. Womit wir – nach einem etwas längeren Anlauf – wieder beim Thema wären: der Halbwertszeit. Sie beträgt ca. 5.730 Jahre. Zwar zerfällt der Radiokohlenstoff, er wird aber in der Atmosphäre auch fortlaufend neu gebildet. In der Luft?! Ja, indem kosmische Strahlung Stickstoffatome umwandelt. Also nicht aus herumfliegenden Graphitbrocken oder Diamanten – wir sprechen über *atomaren* Kohlenstoff. Er verbindet sich mit dem Luftsauerstoff zu Kohlendioxid (CO_2) und gelangt durch die Photosynthese in Pflanzen, von dort auf bekanntem Weg in Tiere. Mammuts fressen Blätter und Pflanzen. Da Lebewesen bei ihrem Stoffwechsel ständig Kohlenstoff mit der Atmosphäre austauschen, stellt sich in lebenden Organismen dasselbe Verteilungsverhältnis der drei Kohlenstoffisotope ein, wie es in der Atmosphäre vorliegt. Bis sie sterben. Dann ändert sich das Verhältnis zwischen ^{14}C und ^{12}C, weil die zerfallenden ^{14}C-Kerne nicht mehr durch neue ersetzt werden.

Zählt man also die zerfallenden ^{14}C-Kerne (das können die Physiker inzwischen sehr genau), dann kennt man die heutige Strahlungsrate und kann mit dem Zerfallsgesetz die seit dem Tod des Mammuts verstrichene Zeit berechnen: Ist V_0 das ursprüngliche Verhältnis von ^{14}C zu ^{12}C und $V_t = {}^{14}C / {}^{12}C$ das heutige Verhältnis nach der gesuchten Zeit t, dann ist $V_t = V_0 \cdot e^{-\lambda t}$, wobei die Zerfallskonstante $\lambda = 1{,}21 \cdot 10^{-4}$ ist, wenn t in Jahren gemessen wird.[10] Jetzt brauchen Sie die Gleichung nur nach t aufzulösen, und schon haben Sie das Ergebnis. Niemand verbietet uns ja, von einem bekannten y auf das zugehörige x zurückzurechnen. Denn wenn $e^{\lambda t} = V_0 / V_t$ ist, dann ist $t = 1/\lambda \cdot \ln (V_0 / V_t)$. Da wird es Sie nicht überraschen, dass Ive Gotcha das Alter des Knochens auf ziemlich genau 10.000 Jahre bestimmen konnte.

Ein wichtiges Faktum soll noch einmal explizit hervorgehoben werden: Welches Atom wann warum zerfällt, kann niemand wissen. Wir können nur den durchschnittlichen Zerfall erfassen (in Form der Halbwertszeit). In der Mikrowelt regiert der Zufall.

---

[10] Die Zerfallskonstante $\cdot$ („Lambda") gibt die Wahrscheinlichkeit an, mit der ein bestimmter Kern zerfallen wird. Die Halbwertszeit und $\cdot$ hängen wie folgt zusammen: Halbwertszeit $= \ln 2 / \cdot$.

3.4 Unteilbare Atome, zusammengebaut

Vielleicht geht jetzt ein Aufatmen durch meine Leser: Der Weg in immer kleinere Größen kann auch rückwärts beschritten werden. „Moleküle" nennt man die Gebilde, die aus der Zusammensetzung von Atomen entstehen. Der Name ist hier ja schon häufig vorgekommen und jedem geläufig. Er kommt vom lateinischen Wort *molecula*, „kleine Masse". Das sind im weitesten Sinn zwei- oder mehratomige Teilchen, die durch besondere Bindungen zusammengehalten werden. Atome kann man nämlich nicht nur aufschrauben und ihre Bestandteile betrachten, man kann sie auch zusammenbauen. Das nennt man dann „Chemie". Und ohne dem Berufsstand zu nahe treten zu wollen: Chemie ist eigentlich „nur" der Teil der Physik, der sich mit dem Zusammenbau von Atomen zu Molekülen beschäftigt. Dabei spielen die Atomkerne überhaupt keine Rolle, sondern nur die Elektronenhülle – genauer gesagt: die Elektronen in der äußeren Schale.

In einem einfachen Modell stellt man sich die Elektronen, die um den Kern schwirren, in mehreren Schalen organisiert vor.[11] Für jede dieser Schalen gibt es „Sollzahlen": die Anzahl der Elektronen, die auf diese Schale passen. Sind es zu wenig, ist also noch Platz, „möchte" sich das Atom mit einem anderen zusammentun, das auf dieser Schale die passende Anzahl anbietet. Die Chemiker nennen das „Valenz". Statt einer umständlichen Erklärung der Elektronenhülle schauen wir uns lieber ein Beispiel an (Abb. 3.4). Das Beispiel ist natürlich nicht maßstäblich, denn die Elektronen sind *viel* kleiner und *viel* weiter vom Kern entfernt. Aber Sie sehen eine innere Schale mit 2 Elektronen und eine äußere mit 8: ein „zufriedenes" Atom. Denn chemisch gesehen ist es reaktionsschwach, es „möchte" sich nicht mit anderen Atomen verbinden. Es ist ein Edelgas, Neon in diesem Fall: z. B. $^{20}_{10}$Ne, wenn es noch 10 Neutronen im Kern hat.[12]

Jetzt denken Sie sich in der äußeren Schale 2 Elektronen und im Kern 2 Protonen weg. Was bekommen Sie? „O!", werden Sie sagen, „Woher soll ich das wissen?!" Und Recht haben Sie: „O" mit der Ordnungszahl 8 ist der Sauerstoff: $^{16}_{8}$O. Er hat 8 Protonen im Kern und dazu 8 Neutronen, also ein Atomgewicht von 16. Er hat 8 Elektronen in der Hülle, davon 6 in der äußeren Schale – und das macht ihn hungrig, regelrecht aggressiv. Er möchte sich mit allem verbinden, mit Wasserstoff (H) zu Wasser, aber er schreckt auch nicht vor Eisen (Fe) zurück. Mit ihm bildet er ... Rost (z. B. Fe_2O_3). Der Sauerstoff ist mit ca. 48 % das häufigste Element

---

[11] Das ist das „Bohr'sche Atommodell" des dänischen Physikers Niels Bohr (1885–1962). Es ist inzwischen durch ein genaueres quantenmechanisches Modell abgelöst worden, reicht aber immer noch zur Erklärung vieler chemischer Prozesse.

[12] Von Neon sind insgesamt 18 Isotope zwischen ^{16}Ne und ^{34}Ne bekannt, von denen nur drei stabil sind.

Abb. 3.4 Atom mit 2
Elektronenschalen

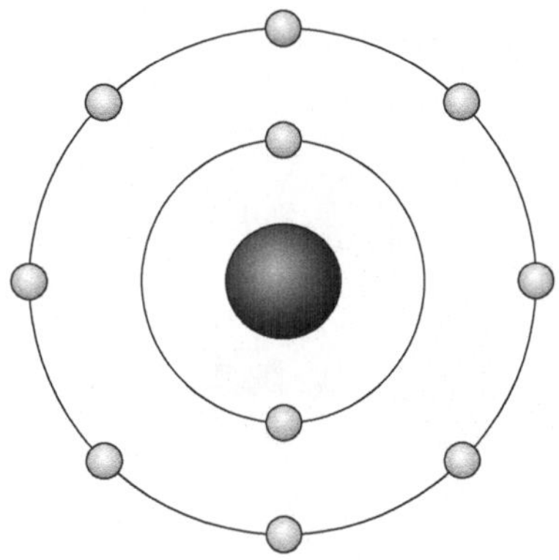

der Erdkruste sowie mit rund 30 % Gewichtsanteil nach Eisen das zweithäufigste
Element der Erde insgesamt.[13]

Noch mal zurück zum Wasser: Der Wasserstoff (englisch *hydrogen*, von lateinisch *hydrogenium* „Wassererzeuger") ist das einfachste und leichteste chemische
Element: ein Proton im Kern, ein Elektron in der Hülle, fertig! Reaktionsfreudig,
denn auf der inneren Schale hätte noch ein Elektron Platz (siehe Abb. 3.4). Der
Sauerstoff nimmt sich gleich 2 Wasserstoffatome, denn ihm fehlen ja zwei Elektronen: H_2O, wie Sie alle wissen. Diese Schreibweise (z. B. H_2O oder Fe_2O_3) nennt
man die „Summenformel" des Moleküls, weil es nur die Summe der beteiligten
Atome zeigt, aber nicht deren Konfiguration, die Art des Zusammenbaus. Die aber,
die Geometrie des Moleküls, sieht man in der Strukturformel, wo jeder Strich für
ein Elektronenpaar steht. Nehmen wir zwei Beispiele: Wasser und Kohlendioxid
(Abb. 3.5).

Beginnen wir in Abb. 3.5 rechts: CO_2 ist nicht besonders aufregend. Der Kohlenstoff und die beiden Sauerstoffatome teilen sich je 4 Elektronen – fertig. H_2O
dagegen ist ein besonderer Stoff, mal wieder. Die zwei Wasserstoffatome bilden
mit dem Sauerstoffatom einen Winkel von ca. 105°. Das führt dazu, dass das Was-
sermolekül nach außen nicht elektrisch neutral ist, sondern eine positive und eine
negative Seite hat. Es richtet sich in einem elektrischen Feld aus, mehr nicht. In
normalem (nicht in destilliertem) Wasser befinden sich aber Mineralien, die durch
Ionisation Ladungsträger bilden. Dann leitet Wasser Strom. Das sollten Sie beden-
ken, bevor Sie Ihren Fön mit in die Badewanne nehmen!

---

[13] Quelle (nahezu wörtlich): http://de.wikipedia.org/wiki/Sauerstoff.

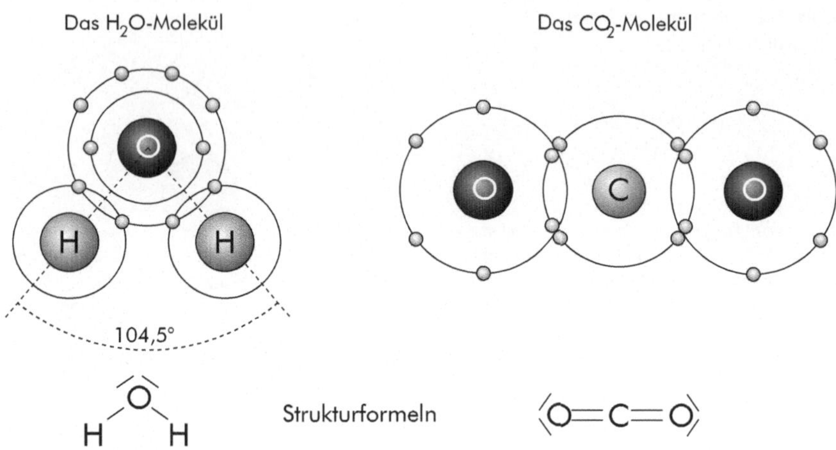

Abb. 3.5 Das Wasser- und das Kohlendioxid-Molekül

So lässt sich aus etwa 100 elementaren Typen von Legosteinen alle bekannte Materie im Universum zusammenklicken, tote wie lebendige. Wobei beileibe nicht jeder Stein zu jedem anderen passt. Daraus entstehen immens viele unterschiedliche Objekte, von kleinen wie ein Spielzeughäuschen bis zu großen wie das „Miniland" aus über 25 Mio. Lego-Bausteinen im *Legoland Deutschland*. So entstehen nicht nur große Moleküle mit vielen Atomen, sondern „Makromoleküle" mit sehr, sehr vielen (bis zu mehreren hunderttausend) gleichen oder unterschiedlichen Atomen, z. B. der Kunststoff *Polyethylen* (einfache lange C_2H_4-Ketten) oder das Erbgut-Molekül *Desoxyribonukleinsäure* (DNS), dessen chemische Formel man hier gar nicht mehr aufschreiben kann. Dabei bilden sogar dieselben Atome unterschiedliche Moleküle, wenn sie in unterschiedlicher geometrischer Struktur zusammengebaut sind.

Wir haben also folgende Verhältnisse (Abb. 3.6): Nukleonen bestehen aus Quarks.[14] Atome bestehen aus Nukleonen und Elektronen. Moleküle werden durch ihre Atome, aus denen sie bestehen, und zusätzlicher Strukturinformation gekennzeichnet.

Nun haben wir Atome und Moleküle mit ihren unterschiedlichen „Gewichten", die abstrakte und damit dimensionslose Zahlen sind, weil sie ja nur das Verhältnis zu Wasserstoff widerspiegeln: Kohlenstoff mit dem Atomgewicht A=12 (6 Protonen+6 Neutronen) wiegt je Atom 12-mal so viel wie Wasserstoff, Wasser mit dem Molekulargewicht 18 (H_2O, bestehend aus einem O mit A=16+2 Stück H

---

[14] Wundern Sie sich nicht, wenn hier ein Ihnen noch unbekannter Begriff auftaucht („Quark") – Sie werden sie gleich kennenlernen.

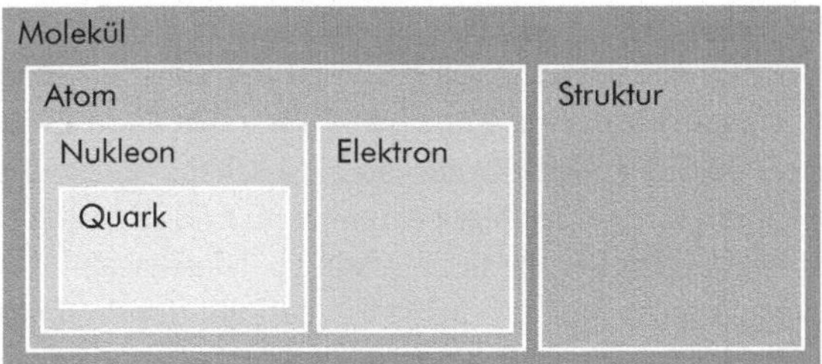

Abb. 3.6 Molekül-Hierarchie – was besteht woraus?

mit A = 1) wiegt 18-mal so viel wie Wasserstoff. Die echten Gewichte in kg wären unhandlich klein, wie Sie in Tab. 3.1 gesehen haben. Also schuf man eine neue SI-Einheit: das „Mol". Ein Mol eines Stoffes sind so viel Gramm, wie es dem Molekular- bzw. Atomgewicht entspricht: 1 Mol Kohlenstoff sind 12 g, 1 Mol Wasser sind 18 g, 1 Mol Wasserstoff sind 1 g, 1 Mol Uran sind 235 g usw.

Merken Sie den Trick? Erinnern Sie sich an Herrn Avogadro mit dem klingenden Namen? In einem Mol eines beliebigen Stoffes sind immer exakt $6{,}022141\ldots \cdot 10^{23}$ Moleküle bzw. Atome.

Eine letzte Bemerkung über Moleküle, die uns schon in die Tiefen der Chemie führt, aber den Zusammenhang zur Optik zeigt: Moleküle sind dreidimensionale Gebilde, sie haben eine räumliche Struktur. So gibt es Moleküle, die zwar die gleiche allgemeine Summenformel haben, die sich aber zueinander verhalten wie Bild und Spiegelbild. Dazu zählt z. B. die Milchsäure ($C_3H_6O_3$), die man als links- und rechtsdrehende Milchsäure kennt – was da gedreht wird, ist die Richtung von polarisiertem Licht.

3.5 Kerne spalten und zusammenbacken

Es gibt in diesem Zusammenhang auch noch ein unerfreuliches Thema. Schon der griechische Philosoph Heraklit prägte den Satz: „Der Krieg ist der Vater aller Dinge". Das Prinzip der Atombombe ist dasselbe wie das der Radioaktivität: der Zerfall eines Atomkerns. Allerdings ist dies keine „natürliche" Kernspaltungsreaktion, die „von selbst entsteht". Die Atomkerne werden von energiereichen Neutronen gespalten, die in einer Kettenreaktion bei der Spaltung von ^{235}U freigesetzt werden. „Gezähmt" ist dieser Prozess in Atomkraftwerken zur Energiegewinnung. In der Natur kommt ein solcher Kernspaltungsprozess nicht vor.[15]

---

[15] Mit einer Ausnahme: Im afrikanischen Staat Gabun gibt es den Naturreaktor Oklo, siehe http://de.wikipedia.org/wiki/Naturreaktor_Oklo und Harald Lesch: „Gibt es natürliche

Bei der Kernspaltung – ob in der Bombe oder im Kernkraftwerk – wird Energie freigesetzt. Die Kerne müssen natürlich groß und schwer sein – einen kleinen Helium-Kern kann man nicht spalten. Uran mit 92 Protonen und 143 Neutronen (also dem Atomgewicht oder der Massenzahl von 235) schon. Ein Neutron, das diesen Kern trifft, zerlegt ihn in zwei leichtere Atomkerne, z. B. Krypton (Ordnungszahl 36, Massenzahl 94) und Barium (Ordnungszahl 56, Massenzahl 144). Die Summe der beiden Ordnungszahlen ist 92 (=36+56), die Zahl der Protonen stimmt also. Die Summe der beiden Massenzahlen ist 233 (=89+144), die Zahl der Neutronen stimmt also nicht. Ein Neutron ist in den Kern geschossen worden (das führt zur Massenzahl 236), also bleiben 3 Neutronen übrig. Genau die führen zu der Kettenreaktion, denn sie bombardieren andere Urankerne.

Und noch etwas bleibt übrig: Bindungsenergie, die den Urankern zusammengehalten hat. Der größte Teil wird als Kleber in den Spaltprodukten Krypton und Barium gebraucht, aber nicht alles. Deswegen liefert die Kernspaltung Energie, und zwar in großen Mengen.[16]

Erstaunlicherweise liefert der „umgekehrte" Prozess auch Energie: die Kern*fusion*!! Wir backen zwei leichte Kerne zu einem schweren zusammen und behalten auch Energie übrig?! Wie geht denn *das*? Ganz einfach: Wir nehmen Deuterium (Wasserstoffisotop mit einem Neutron und einem Proton im Kern) und Tritium (zwei Neutronen und ein Proton) und basteln daraus einen Heliumkern (zwei Neutronen und zwei Protonen). Ein Neutron bleibt übrig. Und jede Menge Energie. Das macht die Sonne tagein und tagaus, seit Milliarden von Jahren. Im Vergleich zur Verbrennung von Kohle ist die Energieausbeute pro Kilo „Rohmaterial" (Kohle vs. Wasserstoff) um den Faktor 10^7 höher.

Nebenbei: Wenn man Gase aus leichten Elementen (z. B. Helium) so stark erhitzt, dass die Atome ihre Hülle verlieren, dann entsteht eine Art „Ionen- und Elektronengas", „Plasma" genannt. Nach außen hin ist diese Materie elektrisch neutral. Plasma wird oft auch als „4. Aggregatzustand" bezeichnet (Festkörper – Flüssigkeit – Gas – Plasma). Das in der Sonne erbrütete Helium liegt in dieser Form vor. „Stark erhitzt" bedeutet dort eine Temperatur von ca. 15 Mio. Grad.

Reaktoren?" alpha-Centauri 16.08.2006 (http://www.br.de/fernsehen/br-alpha/sendungen/alpha-centauri/alpha-centauri-reaktoren−2006_x100.html).

[16] Diese Darstellung ist nicht ganz sauber, denn sie übergeht den „Massendefekt", der über die Äquivalenz von Masse und Energie (die berühmte Formel $E=mc^2$) auch Energie liefert. Korrekt und schön animiert z. B. in LEIFI Physik „Kernspaltung und Kernfusion": http://www.leifiphysik.de/themenbereiche/kernspaltung-und-kernfusion. Vergleich der Energieausbeute auch von dort.

„Quanten" sind keine großen Schuhe 4

Quantenphysik – wenige Dinge geben uns so viel zu denken und widersprechen unserer Erfahrung aus „Mesonesien" so sehr wie die Erkenntnisse der Physiker in der Welt der Quanten. Mit einer Ausnahme vielleicht: die Relativitätstheorie. Wenn der Nobelpreisträger und Quantenphysiker Max Born sagt: „Die Quanten sind doch eine hoffnungslose Schweinerei!" und Richard Feynman (ebenfalls Nobelpreisträger und Quantenphysiker) schreibt: „Es gab eine Zeit, als Zeitungen sagten, nur zwölf Menschen verständen die Relativitätstheorie. Ich glaube nicht, dass es jemals eine solche Zeit gab. Auf der anderen Seite denke ich, es ist sicher zu sagen, niemand versteht die Quantenmechanik.", dann darf man von diesem Kapitel nicht allzu viel erwarten.[1] Er prägte auch den hübschen Satz: „Wer behauptet, die Quantenmechanik verstanden zu haben, der hat sie nicht verstanden."[2] Natürlich sind das etwas kabarettistisch überhöhte Formulierungen. Leider sind die meisten Phänomene in der Quantenwelt zumindest mit unserem Anschauungsvermögen und unserer Vorstellungskraft nicht in Einklang zu bringen.

Umgangssprachlich sind „Quanten" (große) Füße oder Schuhe. Esoteriker benutzen den Begriff gerne, um skurrile Behauptungen mit noch skurrileren Begründungen zu unterlegen. Dabei ist es ganz einfach: Es sind Dinge, die nicht weiter zerlegt werden können. Es gibt kein „halbes" Quant. Individuen sozusagen – im Wortsinne „un-teilbar", aber nicht voneinander zu unterscheiden. Richard Feynman hat es sehr griffig ausgedrückt: Auch wenn in Amerika jede Familie im Schnitt 1 ½ Kinder hat, gibt es keine Familie mit einem halben Kind.[3] Kinder kommen

---

[1] Beide Zitate aus http://de.wikiquote.org/wiki/Quantenphysik.

[2] Zitiert nach Harald Lesch: „Was ist die Unschärferelation?" alpha-Centauri 28.04.2002 (http://www.br.de/fernsehen/br-alpha/sendungen/alpha-centauri/alpha-centauri-unschaerferelation−2002_x102.html).

[3] Richard P. Feynman: Vom Wesen physikalischer Gesetze. Piper, München 2012, S. 101 f.

© Springer Fachmedien Wiesbaden 2016
J. Beetz, *Atomphysik für Höhlenmenschen und andere Anfänger,* essentials,
DOI 10.1007/978-3-658-11105-2_4

„gequantelt". Ebenso die Abgeordneten eines Parlamentes, auch wenn die Prozentzahlen ihrer Partei auf 5 Stellen hinter dem Komma genau errechnet waren.

In der Physik sind Quanten im strengen Sinne nicht materielle „Dinge", sondern Energieeinheiten, die nur in bestimmten Stückelungen auftreten („quantisiert"), wie die Gewichte bei einer Apothekerwaage. Nicht nur die Energie ist quantisiert, sondern z. B. auch der Drehimpuls eines Teilchens. Sie machen Sprünge – entgegen der antiken Ansicht *natura non facit saltus* (lateinisch für „Die Natur macht keine Sprünge"). Das bringt uns zum „Quantensprung".[4] Ein Beispiel für einen solchen Sprung ist der Wechsel eines Elektrons von einer „Schale" im Bohr'schen Atommodell zur anderen. Auch andere zufällige Ereignisse wie der radioaktive Zerfall oder biologische Mutationen sind solche „Sprünge". Ein Quantensprung ist winzig und läuft in sehr kurzer Zeit ab.[5] Ein Elektron springt von einem Energieniveau auf ein anderes, z. B. durch Emission oder Absorption von elektromagnetischer Strahlung. Einen „Zwischenzustand" gibt es nicht bzw. er ist nicht feststellbar. In der Umgangssprache hat er seltsamerweise genau die entgegensetzte Bedeutung: ein Riesensprung (wieder ein Beweis, dass niemand die Quantenmechanik versteht?).[6]

Wie hat man empirisch die Quantisierung festgestellt? Das berühmteste Beispiel ist der photoelektrische Effekt: Hierbei bewirkt Licht, dass Elektronen aus einer Metalloberfläche austreten. Erstaunlicherweise hängt die Energie der Elektronen nicht von der Intensität des Lichts ab, sondern nur von seiner Frequenz. Albert Einstein postulierte deswegen 1905, dass Licht wie Teilchen (Photonen) mit der Materie wechselwirkt und dass die Energie der Photonen entsprechend der Lichtfrequenz quantisiert ist. Eddi Einstein wäre stolz auf seinen Nachkommen gewesen. Damit war die Photonen- bzw. Quantennatur des Lichtes erwiesen. In vergleichbarer Weise erzeugt so Licht in Solarzellen elektrischen Strom. Ein-

---

[4] „In seiner ursprünglichen Bedeutung ist der Quantensprung ein Übergang zwischen zwei Werten einer physikalischen Größe im atomaren Bereich. Da dort alle Größen diskrete Werte annehmen, sind solche Veränderungen immer sprunghaft und in den meisten Fällen nicht mit einer qualitativen Veränderung des Systems verbunden. Typisch für den Quantensprung ist, dass er winzig ist und in sehr kurzer Zeit abläuft. Die zweckentfremdete Anwendung des Begriffs hat allerdings seine ursprüngliche Bedeutung vollständig auf den Kopf gestellt. Nun wird er benutzt, um statt kleiner atomarer Schritte große qualitative Sprünge zu beschreiben." Zitiert aus Mathias Senoner: Der Quantensprung – die zweifelhafte Karriere eines Fachausdrucks. DIE ZEIT 3.5.1996 (http://www.zeit.de/1996/19/quanten.txt.19960503. xml). Siehe auch http://de.wikipedia.org/wiki/Natura_non_facit_saltus.

[5] Manche sagen: in Femtosekunden (fs) $= 10^{-15}$ s (Quelle: https://de.wikipedia.org/wiki/ Franck-Condon-Prinzip#Aussage).

[6] Man könnte einen Versuch wagen mit Richard Feynman: QED. Die seltsame Theorie des Lichts und der Materie. Piper, München 1992.

stein erhielt 1922 den Nobelpreis für Physik „für seine Verdienste um die theoretische Physik, besonders für seine Entdeckung des Gesetzes des photoelektrischen Effekts".[7]

Nun werden Sie staunen: Schon in der Steinzeit hat man sich mit Quantenphänomenen auseinandergesetzt.

4.1 Die kleinen Dinger, wo sind sie denn überhaupt?

Siggi traf Rudi auf dem Dorfplatz und sprach ihn an: „Ich weiß ja, dass du dich mit den Problemen der Messgenauigkeit schon herumgeschlagen hast." „Ja", antwortete Rudi, „aber ich werde immer besser. Ein Meter messe ich schon auf 0,1 % genau. Ich nenne es „Millimeter". Aber ich mache mir keine Illusionen – künftige Generationen mit besseren technischen Möglichkeiten werden das noch viel genauer hinbekommen. Theoretisch sind der Messgenauigkeit ja keine Grenzen gesetzt." „So, so!", sagte Siggi, „Dann stelle dir mal folgende Situation vor … Machen wir ein …" „Gedankenexperiment?" „Ja. Es ist stockdunkel und irgendwo in deiner Nähe steht ein Mammut. Aber wo? Du kannst es nicht sehen, du kannst es nicht hören. Du könntest einen Stein in die vermutete Richtung werfen und hören, ob du es getroffen hast. Dann weißt du, wo es ist." Rudi grinste: „Das ist aber ein albernes Beispiel. Das mache ich nur *ein* Mal – und dann weiß das Mammut, wo *ich* bin."

Siggi bleibt ungerührt: „Dann nehmen wir eben einen Mammutschinken, der tiefgefroren in einer Höhle hängt. Du könntest ihn so finden. Jetzt willst du mit derselben Methode herausfinden, wo ein kleiner Stein an einem Faden im Dunkeln hängt." „Da verbrauche ich aber viel mehr Steine, denn das gesuchte Objekt ist ja viel kleiner." „Das ist nicht das Problem. Denke nach!" „Hmm … Der Stein, wenn ich ihn getroffen habe, ist nicht mehr genau da, wo er war! Der auftreffende Stein schleudert ihn weg, umso weiter, je leichter der gesuchte Stein ist. Der Beobachter verfälscht die Wirklichkeit, er interagiert mit ihr." „Schönes Wort … hast du wohl von mir?! Aber Vorsicht! Nicht der Beobacht*er*, die Beobacht*ung*, der Messvorgang. Die Messung wird unscharf. Und das ist ein grundsätzliches Problem und nicht eines der Messgenauigkeit."[8] Rudi nickte nachdenklich und dachte sich seinen Teil.

---

[7] Siehe *The Nobel Prize in Physics 1921* http://www.nobelprize.org/nobel_prizes/physics/laureates/1921/.

[8] Frei nach Jürgen Beetz: Eine phantastische Reise durch Wissenschaft und Philosophie – Don Quijote und Sancho Pansa im Gespräch. Alibri Aschaffenburg 2012, S. 165.

Es sollte bis 1927 dauern, bis der deutsche Physiker und Nobelpreisträger Werner Heisenberg seine berühmte Unschärferelation formulierte. Sinngemäß kann sie so ausgedrückt werden: „Es ist nicht möglich, die Position und den Impuls eines Quantenobjektes gleichzeitig exakt zu messen, und die Messung der Position eines Quantenobjektes ist zwangsläufig mit einer Störung seines Impulses verbunden, und umgekehrt." Dafür wurde er auch in den intellektuellen Salons berühmt und 2001 erschien sogar eine Briefmarke davon.[9] Dort ist die Aussage der Unschärferelation „Das Produkt aus Ortsunschärfe mal Impulsunschärfe entspricht ungefähr dem Planck'schen Wirkungsquantum" als Formel abgedruckt:[10]

$$\Delta x \cdot \Delta p \sim h$$

Ohne ins Detail zu gehen: Das Planck'sche Wirkungsquantum h ist winzig, etwa $6 \cdot 10^{-34}$ Js (Joulesekunden, dasselbe wie $1 \text{ kg} \cdot \text{m}^2/\text{s}$) und ebenfalls eine der vier fundamentalen Naturkonstanten (eine davon ist die Lichtgeschwindigkeit c) – also in „unserer" Welt nicht zu bemerken. Und das ist ja einfachste Mathematik: Wenn $\Delta x \cdot \Delta p =$ konstant, dann muss Δp schrumpfen, wenn Δx wächst – und umgekehrt. Es ist also *keine* Frage der Messgenauigkeit, sondern eine grundsätzliche und fundamentale Unbestimmtheit im Bereich des Allerkleinsten. Der deutsche Physiker Max Planck wurde Namensgeber dieser Größe, da er dafür den Nobelpreis für Physik des Jahres 1918 erhielt.

Viele, die darüber reden, verstehen die Quantenphysik nicht und ziehen nur falsche Analogieschlüsse daraus. Das hatten wir schon beim „Welle-Teilchen-Dualismus". Sie übertragen Effekte unzulässigerweise vom Mikrokosmos auf unsere Welt. Damit öffnen sie allerlei parawissenschaftlichen Interpretationen Tür und Tor. Also nicht der Beobachter (seine Wünsche und Gedanken, seine Absichten und sein Charakter) verändert die beobachtete Erscheinung, sondern der Beobachtungsvorgang greift physikalisch in das zu beobachtende Phänomen ein.

Nun hat eine solche Analogie natürlich ihre Grenzen – wie alle Analogien. Ein Quantenobjekt (z. B. ein Elektron) hängt ja nicht einfach in der Gegend herum

---

[9] Quelle: http://de.wikipedia.org/wiki/Heisenbergsche_Unschärferelation. Der Kabarettist und Physiker Vince Ebert hat eine andere Deutung (http://www.youtube.com/ watch?v=8IjLvpC4gP0). Siehe auch Harald Lesch: alpha-Centauri 094 „Was ist die Unschärferelation?" (http://www.youtube.com/watch?v=3fwim8smtaU).

[10] Das Planck'sche Wirkungsquantum h ist das Verhältnis von Energie (E) und Frequenz (f) eines Photons oder eines Teilchens: $h = E/f$. Quelle: http://de.wikipedia.org/wiki/Plancksches_Wirkungsquantum. Mit der Frequenz (z. B. des Lichtes) nimmt auch seine Energie zu. Deswegen ist Gammastrahlung (ca. millionenfach höhere Frequenz als Licht) besonders energiereich.

wie der Mammutschinken, denn es *bewegt* sich. Also hat es einen Ort *und* einen Impuls. Aber „Rechnen hilft!", sagt der Physiker. Denn die Unschärferelation gilt natürlich immer, auch bei großen Objekten. Nur macht sie sich nicht bemerkbar. Nehmen wir einen Fußball: Er fliegt beim Elfmeter mit über 100 km/h (sagen wir 30 m/s) auf das Tor zu. Ist er auch drin? Wir messen das mit einer Genauigkeit von 1 cm (angenommener Wert), also ist $\Delta x = 10^{-2}$ m. Seine Impulsunschärfe ergibt sich aus dem Messfehler für die Geschwindigkeit Δv von 1 %, also 0,3 m/s, multipliziert mit seinem Gewicht von 450 g. Damit ist $\Delta p = m \cdot \Delta v = 0{,}135$ kg $\cdot$ m/s. Das Produkt $\Delta x \cdot \Delta p \approx 1{,}35 \cdot 10^{-3}$ kg $\cdot$ m²/s. Das ist ungefähr das 10^{31}-Fache von h, also absolut ungefährlich (in dem Sinne, dass der Messvorgang die Messung nicht stört).

Gehen wir eine Etage tiefer: Eine Mikrowaage könnte ein Goldklümpchen nach Rudis fünfundzwanzigster Teilung mit 2 Mikrogramm ($2 \cdot 10^{-9}$ kg) noch messen, immerhin noch ca. $6 \cdot 10^{15}$ Atome. So klein und leicht, dass es im Wasser von den Molekülen herumgeschubst wird (die Ihnen bekannte Brown'sche Bewegung). Wenn wir seinen Ort im Mikroskop auf $^1/_{100}$ μm (Mikrometer, 10^{-6} m) genau bestimmen, ist $\Delta x \approx 10^{-8}$ m. Schätzen wir nun den Messfehler bei der Geschwindigkeit $\Delta v = 1$ mm/s $= 1 \cdot 10^{-3}$ m/s, dann ist $\Delta p = m \cdot \Delta v = 2 \cdot 10^{-12}$ kg $\cdot$ m/s und $\Delta x \cdot \Delta p = 2 \cdot 10^{-20}$ kg $\cdot$ m²/s. Gegenüber dem Planck'schen Wirkungsquantum h mit etwa $6 \cdot 10^{-34}$ kg $\cdot$ m²/s immer noch das 10^{14}-Fache, aber wir kommen der Sache näher. Würden wir die Messgenauigkeit beim Weg und beim Impuls jeweils „nur" um das 10^7-fache steigern, kämen wir schon der Unschärferelation ins Gehege.

Aber was sind „Quanten" – die wir so selbstverständlich in den Mund nehmen – überhaupt für Dinge? Das ist eine unzulässige Frage, denn Quanten *sind* nicht irgendwelche Dinge. Es ist eine Art Kurzbezeichnung für das, was „bei der Quantisierung von Feldern herauskommt". Also „kleinste Portionen von" Energie, Drehimpuls, Fluss usw. in Form von bestimmten gestückelten („diskreten") Werten. Nur gelegentlich werden darunter auch Teilchen verstanden, ursprünglich nur das Lichtteilchen, das „Lichtquant", also das Photon.

4.2   Getret'ner Quark wird breit, nicht stark[11]

Siggi hielt mal wieder seine „physikalische Märchenstunde", wie Eddi und Rudi es spöttisch nannten. „Die ‚Elementarteilchen' sind jetzt eine Stufe tiefer gerutscht", erläuterte der Seher, „es sind nicht die Protonen und Neutronen, denn die bestehen

---

[11] Johann Wolfgang von Goethe: West-östlicher Divan – Hikmet Nameh: Buch der Sprüche. Quelle: Project Gutenberg Etext http://www.gutenberg.org/cache/epub/2319/pg2319.html.

ihrerseits aus etwas – den wahren Elementarteilchen." „So ein Quark!", maulte Rudi. „Du sagst es, so heißen sie, die – bis jetzt, also bis in zehntausend Jahren – kleinsten Teilchen: ‚Quarks'. Es gibt drei davon: die roten, die grünen und die blauen." Rudi prustete los, und Eddi war dankbar, dass er keinen Schluck Met im Mund hatte: „Sag' ich doch: Quark! Ein Atom hat schon keine Farbe, wie soll denn etwas noch Kleineres eine Farbe haben!?!".

Wenn Sie Abb. 3.6 aufmerksam betrachtet haben, dann haben Sie schon gesehen, dass Nukleonen aus „Quarks" bestehen. Die Quarks sind eine Familien von Kobolden mit seltsamen Namen: Sie kommen in „Geschmacksrichtungen" („*Quark-Flavours*"), nämlich als Up-Quark, Down-Quark, Strange-Quark, Charm-Quark, Bottom-Quark und Top-Quark. „*Nice to meet you*", könnte man sagen und zum nächsten Gast der Party weiterschlendern, denn sie haben wirklich komische Eigenschaften – und sie gehören zu den Leuten, die man nicht unbedingt kennen muss.

Deswegen schauen wir uns nur kurz in Abb. 4.1 an, was sich hinter den zwei Nukleonen verbirgt. Sie sind sich beide ziemlich ähnlich, das Proton und das Neutron, denn beide haben ein „blaues" Up-Quark und ein „grünes" Down-Quark. Sie unterscheiden sich durch ein „rotes" Up-Quark beim Proton und ein „rotes" Down-Quark beim Neutron. Man könnte kurz sagen: Proton = *duu*, Neutron = *udd*. Die „Farbladung" (die zum Spezialgebiet der „Quantenchromodynamik" führt), markiert einen bestimmten Zustand des Quarks und ist ein Kapitel für sich.[12] Die Schlangenlinien im Bild sollen die Kraft andeuten, die die Quarks „zusammenklebt". Deuten Sie die Abb. 4.1 aber bitte nicht falsch: Die großen grauen Bällchen,

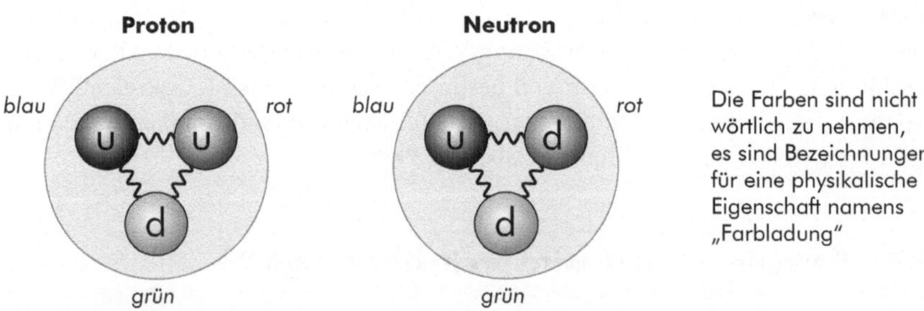

Abb. 4.1 Die beiden Nukleonen bestehen aus je 3 unterschiedlichen Quarks

---

[12] Feynman hat darüber etwas sehr Hässliches gesagt: „Leider ist den idiotischen Physikern […] nichts Besseres eingefallen als die unselige Bezeichnung ‚Farbe', worunter man beileibe keine Farbe in der gewöhnlichen Bedeutung des Wortes verstehen darf." Quelle: Richard Feynman: QED. Die seltsame Theorie des Lichts und der Materie. Piper, München 1992, S. 155.

die die Nukleonen andeuten sollen, sind keine eigenständigen Dinge (wie eine Zellmembran, die eine Zelle zusammenhält) – ein Nukleon *enthält* keine Quarks, es *besteht* aus Quarks.

Hier können und sollten wir das Feld den Fachleuten für Quantenphysik überlassen, von denen wir – im Gegensatz zu Feynmans Sprüchen – annehmen, dass es einige davon gibt. Er und der amerikanische Physiker Murray Gell-Mann gehören sicher dazu, aber ebenso sicher nicht alle, die vollmundig von diesem Thema reden.

Diese „Dinger" hatte Gell-Mann nämlich bereits im Jahre 1964 theoretisch postuliert und prompt 1969 den Nobelpreis für Physik dafür erhalten. Der seltsame Name stammt aus dem Roman *Finnegans Wake* von James Joyce, der wiederum das deutsche Wort auf einem Markt in Freiburg im Breisgau aufgeschnappt haben soll. Als Eselsbrücke für eine bestimmte Eigenschaft der inzwischen 6 verschiedenen Quarkbällchen wurden ihnen unter anderem Farben zugeordnet (siehe Abb. 4.1: Eine Farbe im optisch-physikalischen Sinne haben sie natürlich nicht, da sie viel zu klein sind). Nachdem Gell-Mann mit dem Up-Quark und dem Down-Quark einige Erscheinungen erklärt hatte, stieß er auf andere Phänomene, die ihm seltsam vorkamen. Na gut, dachte er, erfinden wir ein „seltsames" Quark, das „Strange-Quark".

Das könnte einen zu einem bösen Spruch verleiten: „Wenn Physiker nicht mehr weiter wissen, erfinden sie schnell eine neues Teilchen." Aber dem ist nicht so. Was uns Laien als Jux und Tollerei erscheint, einfach mal so ein neues Teilchen zu postulieren, das ist in der Welt der theoretischen Physik eine ernste und anstrengende Arbeit. Mathematische Modelle, also letztlich Systeme von miteinander in Beziehung stehenden Formeln, führen bei ihrer Auflösung zu logisch zwingenden Schlussfolgerungen. Die „Eigenschaften" der Quarks („Farbe", „Spin" usw.) sind also größtenteils mathematische Attribute, die Gleichungssysteme stimmig und konsistent halten. Und es passt ja zum allgemeinen Vorgehen in der Physik: Die theoretisch geforderten Verhältnisse müssen irgendwann einmal auch im Experiment nachgewiesen werden, sonst stehen die Theoretiker dumm da. Die Existenz von Gell-Manns Quarks in Nukleonen wurde u. a. durch Streuexperimente mit Elektronen an Hochenergiebeschleunigern nachgewiesen.

Aber wir sind ja noch lange nicht fertig … Protonen, Neutronen, Elektronen, Quarks … – das war ja erst der Anfang! Es gibt einen ganzen „Elementarteilchen-Zoo", dessen Darstellung hier aber zu weit führen würde (im Physikbuch ab S. 190). Ebenfalls dort nachzulesen (und hier aus Platzgründen weggelassen) ist das sog. „Doppelspaltexperiment" mit Quanten, z. B. mit Elektronen, Neutronen, Atomen, sogar mit einigen Molekülen. Es zeigt höchst merkwürdige und den Alltagsverstand verwirrende Ergebnisse: Es sieht so aus, als ob ein *einzelnes*

Teilchen (Photon, Elektronen … was immer) durch *beide* Spalte gegangen wäre und wellenartig *mit sich selbst* interferierte. Das lässt sich nur durch die Annahme erklären, dass das Telchen *zwei* verschiedene Wege *gleichzeitig* zurückgelegt hat. Es liegt eine Überlagerung des Zustandes „rechts" und des Zustandes „links" vor – Superposition, wenn man sich gelehrt ausdrücken will.

In der Quantenphysik muss man sich von der Vorstellung eindeutig festgelegter Eigenschaften verabschieden – und genau diese merkwürdige Tatsache lässt die Quantenphysik oft etwas verwirrend und schwer verständlich erscheinen. Das verleitet viele zu dem (falschen) Satz „Der Gedanke des Beobachters beeinflusst die Beobachtung" oder noch schlimmer „Wenn man nicht hinschaut, verhält sich das Elektron wie eine Welle, sonst wie ein Teilchen". Magie leuchtet auf, Spuk, Übersinnliches. Doch der Philosoph Ludwig Wittgenstein sagte: „Es ist eine Hauptquelle unseres Unverständnisses, dass wir den Gebrauch unserer Wörter nicht übersehen."[13] Und so fallen wir auf eine undurchdachte Formulierung herein, anstatt uns – wie beim Magier David Copperfield – klar zu machen, dass alles seine natürliche Erklärung haben muss. Aussagen, wonach in der Quantentheorie plötzlich das Bewusstsein oder der menschliche Wille Eingang in die Physik gefunden hätten, resultieren also aus einem Miss- bzw. Unverständnis.

4.3   Die klassische Physik muss nachsitzen

Eigentlich interessieren in der Physik die „Warum-Fragen" nicht primär: „Warum ziehen sich zwei Massen an?" Die Forscher messen und zählen lieber. Aber eigentlich dann doch, denn sie wollen ja *hinter* die Dinge kommen und erkennen, was die Welt im Innersten zusammenhält. Und durch die Erkenntnisse der letzten 100 Jahre konnte man viele Erscheinungen der klassischen Physik deuten. „Aah! Nun wird uns manches klar!", sagten die Wissenschaftler, als das Atom „entdeckt" war und man seine Eigenschaften und Bestandteile im Ansatz kannte. Licht erschien ihnen nun in ganz anderem Licht. Wärme, Reibung und Elektrizität ließen sich nun besser (oder überhaupt erst) erklären. Ein Quantensprung der Erkenntnis (also nicht im physikalischen, sondern im übertragenen Sinne!). Das wollen wir kurz stichwortartig und beileibe nicht vollständig behandeln. Dabei soll ein kurzer Blick auf zwei Themenkreise geworfen werden: Was kam bei der „klassischen Physik" an Erkenntnis hinzu bzw. wurde geändert, als – erstens – die Atome und ihr Aufbau

---

[13] Quelle: Ludwig Wittgenstein: Philosophische Untersuchungen, Satz 122 (http://www.geocities.jp/mickindex/wittgenstein/witt_pu_gm.html).

bekannt waren und – zweitens – die Gesetze der Quantenmechanik zusätzlich für tiefere Einblicke sorgten?

Beginnen wir mit der Mechanik, z. B. der Elastizität: Wirkt auf einen Körper eine Kraft ein, so wird die Gleichgewichtslage seiner elementaren Bausteine (Atome oder Moleküle) gestört. Die Abstände zwischen ihnen werden um ein geringes Maß vergrößert oder verkleinert, die dazu aufgewendete mechanische Energie wird gespeichert und das Werkstück ändert seine äußere Form. Nach der Entlastung kehren die Atome bzw. Moleküle wieder an ihre Ausgangsplätze zurück und der Körper nimmt seine ursprüngliche äußere Form wieder an. Die Energie für die Verformung wird nur gespeichert und beim Entlasten wieder abgegeben.[14] Bei der Reibung „verhaken" sich Atome miteinander und geraten dadurch in heftigere Schwingungsbewegung – Wärme entsteht. Denn „Temperatur sind flitzende Atome", sagte mal ein Physiker.[15]

Weiter geht es also mit der Wärme: Speziell bei Gasen hängt die Temperatur mit der kinetischen Energie der sich bewegenden Atome zusammen, ebenfalls der Druck. Wärme ist Bewegungsenergie der Moleküle. Nehmen wir als Beispiel Wasser: Ist Wasser sehr kalt, so kristallisiert es zu Eis oder Schnee. Das Wasser ist fest, alle Atome des Wassers behalten ihre Nachbarn. Eine Verschiebung der Atome gibt es nicht. Wird Wasser erwärmt, so bewegen sich die Atome immer mehr, bis sie ihre gegenseitigen Bindungen aufbrechen und gegeneinander ausgetauscht werden können. Dann ist das Wasser flüssig. Wird das Wasser weiter erwärmt, kocht es schließlich, wird es gasförmig. Die Atome bewegen sich so schnell, dass sie das Wasser verlassen können und als Wasserdampf in die Luft entweichen.[16] Warum leitet Wasser den Strom, wenn auch schlechter als Kupfer? Weil in normalem Wasser Spuren von ionisierten Mineralsalzen gelöst sind – also positive und negative Ladungen vorhanden sind: Der Strom kann fließen. Wasser hat allerdings kein Gedächtnis, kann keine Information speichern, obwohl das einige Leute behaupten, denn die Wassermoleküle sind in der Flüssigkeit frei beweglich.[17] Deswegen ist Wasser ja ein so gutes Lösungsmittel.

---

[14] Dieser Absatz wörtlich aus https://de.wikipedia.org/wiki/Elastizität_(Physik).

[15] Siehe (englisch) http://en.wikipedia.org/wiki/Temperature: „*molecular vibration*". Dort sieht man auch eine Simulation der thermalen Vibration eines Teils eines Protein-Moleküls.

[16] Text mit freundlicher Genehmigung von Karl-Heinrich Meyberg, Graf-Friedrich-Schule Landkreis Diepholz. Quelle: Unterrichtseinsichten – Schuljahr 2012/2013 – Physik 7a – Energie (2012–09–27) „Wie hängt Wärme mit Energie zusammen?" in http://gfs.khmeyberg.de/1213/1213Klasse7aPh/1213UnterrichtPhysik7aEnergie.html.

[17] „Normales" Wasser im Unterschied zu reinem, destillierten Wasser. Zum Thema „Information" siehe „Dr. Masaru Emoto – Wassergedächtnis" (http://www.lichtkreis.at/html/Wissenswelten/Wasserbelebung/dr-masaru-emoto-wassergedaechtnis.htm), aber es ist eher

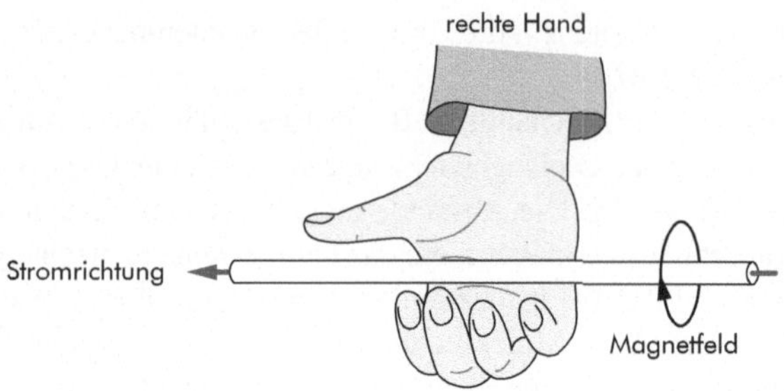

Abb. 4.2 Die „Rechte-Hand-Regel" des Induktionsgesetzes

Der elektrische Strom besteht aus „flitzenden Elektronen", den nahezu masselosen Teilchen aus den Atomhüllen. Das haben wir schon in Kap. 7.4 des Physikbuches enthüllt. Bei der Elektrolyse, die wir in Kap. 7.3 besprochen haben, werden bei den dabei stattfindenden chemischen Reaktionen Elektronen übertragen. Der Kondensator, dem Sie dort in Kap. 7.1 begegneten, sammelt auf der einen Seite keine positiven Ladungen, sondern es fließen negative (Elektronen) ab. Aber über Elektronen wusste Maxwell noch nichts. Die Fließrichtung der Leitungselektronen ist *entgegen* der „technischen" Stromrichtung (von *plus* nach *minus*) genau umgekehrt: Sie sind negativ geladen und fließen von *minus* nach *plus*. Deswegen verwendet man die „Linke-Hand-Regel" und nicht die „Rechte-Hand-Regel" aus Abb. 7.11 des Buches (hier Abb. 4.2), um aus dieser Richtung auf die Magnetfeldrichtung der Induktion zu schließen. Denn nun lassen wir den Draht in Abb. 7.12 (hier Abb. 4.3), weg und betrachten nur ein sich bewegendes Elektron, einen Kathodenstrahl. Es induziert natürlich auch ein Magnetfeld.[18] Und so könnten wir weiter alle bis hier unerklärlichen Phänomene auf atomare und subatomare Effekte zurückführen … Aber das ist „Chemie", ein eigenes Gebiet innerhalb der Physik.

Wir hatten ja schon den „Quantensprung" … In der klassischen Physik werden Zustände und Änderungen durch stetige und differenzierbare Funktionen beschrieben – bis hinein in infinitesimal kleine Raumgebiete und Zeitabschnitte. Die Idee des Kontinuums und ihre überwältigend erfolgreiche Anwendung in der Infinitesimalrechnung (Gottfried Wilhelm Leibniz und Isaac Newton) zusammen mit der

---

zweifelhaft, siehe *Memory of water* (http://en.wikipedia.org/wiki/Water_memory) oder „Verdünnte Wahrheit" (http://www.zeit.de/2003/49/N-Wasser_Ged_8achtnis). Ein gutes Thema für die *One Million Dollar Challenge* von James Randi (http://www.randi.org/site/index.php/1m-challenge.html).

[18] Vgl. Harald Lesch: Abenteuer Forschung: „Übrigens" zur Sendung vom 19.1.2011 „Das Magnetische Moment des Elektrons" http://www.youtube.com/watch?v=eYYVZZdERN0 bei 9:15min.

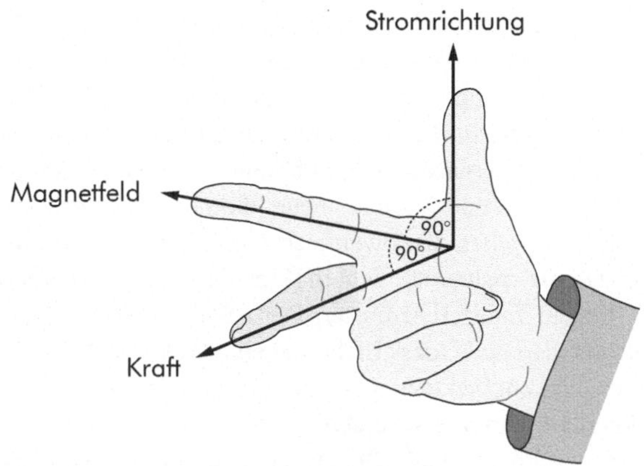

Abb. 4.3 Die „Drei-Finger-Regel" des Induktionsgesetzes

festen Überzeugung, dass jede noch so kleine Ursache auch eine beliebig kleine
Wirkung hervorruft und nichts dem Zufall überlassen ist, prägten das Weltbild der
klassischen Physik.[19] Nun stellte sich heraus, dass die Natur doch Sprünge macht
– aber grundsätzlich nur ganz kleine: das winzige Planck'sche Wirkungsquantum,
etwa $6 \cdot 10^{-34}$ Js.

Alle mit Licht und elektrischem Strom verbundenen Phänomene lassen sich
durch drei Grundvorgänge erklären.[20] Akteure sind nur Elektronen, Protonen und
Photonen. Die Protonen sind aber fest in den Atomkernen eingebaut und wech-
selwirken kaum mit Photonen sichtbaren Lichts. Interessant ist, dass Elektronen
zunächst als Teilchen gesehen wurden und Licht als Welle – und später enthüllte
sich umgekehrt der Wellencharakter der Elektronen und der Teilchencharakter der
Photonen. Nun sind wir schlauer: Beide sind beides. Die 3 Grundvorgänge sind
einfach und nur folgende:

1. Ein Photon bewegt sich von Ort zu Ort.
2. Ein Elektron bewegt sich von Ort zu Ort.
3. Ein Elektron emittiert oder absorbiert ein Photon.

---

[19] Text mit freundlicher Genehmigung von Michael Komma: „Physik und Mathematik mit
Maple – Der Quantensprung" (http://www.mikomma.de/fh/hydrod/h71.html).

[20] Dieser Absatz in Anlehnung an Richard Feynman: QED. Die seltsame Theorie des Lichts
und der Materie. Piper, München 1992, S. 99 f. Zur „partiellen Reflexion" siehe S. 118.

Und das ist alles. Die ersten beiden sind trivial: einfach Licht und Strom, vereinfacht gesagt. Spannender ist die Nr. 3, die Interaktion in den atomaren und elektromagnetischen Erscheinungen. So ist die „partielle Reflexion" nun einfach zu erklären: Das Licht kümmert sich nicht um irgendwelche „Grenzflächen". Einige (aber beileibe nicht alle) heransausenden Photonen werden an den Elektronen der Glasatome (z. B.) gestreut und erzeugen neue Photonen, die zurückfliegen. Reflexion und Brechung entstehen also, weil sich die Teilchen in bestimmten Experimenten (z. B. im Doppelspaltexperiment in Kap. 8.2 des Physikbuches) wie Wellen *verhalten* – sie zeigen Interferenzmuster. Der „Welle-Teilchen-Dualismus" lässt grüßen! Er bedeutet also *nicht*, dass Licht mal eine Welle und mal ein Teilchen ist, sondern dass die Quantenobjekte manchmal – je nach Art des Experimentes – sich wie eine Welle verhalten bzw. erscheinen.

„Die Gesetze der Physik und Chemie sind durchwegs statistischer Natur", schreibt einer, der es wissen muss: der österreichische Physiker und Wissenschaftstheoretiker Erwin Schrödinger.[21] Auch das eine Folge des Eindringens in die verborgenen Tiefen der „klassischen" Physik, in denen sich viele vermeintlich deterministisch festgelegte Erscheinungen in zufällige Wahrscheinlichkeitsverteilungen auflösen. Das zeigt sich u. a. daran, dass ein Begriff wie „Temperatur" erst für viele, aber nicht für ein einzelnes Molekül definiert ist. Gerade die so einfach erscheinende Temperatur hat es aber in sich. In der Nähe des absoluten Nullpunktes, wenn das „molekulare Zittern" zum Erliegen kommt, zeigen sich viele Merkwürdigkeiten. Ebenso bei extrem hohen Temperaturen, wenn die Atome selbst zu Plasma zerfallen. Plasma ist Materie, die so heiß ist, dass sich Atome in Ionen und Elektronen aufspalten.

Standen wir in der „voratomaren Zeit" noch vor einem Abgrund von Unkenntnis, so sind wir heute einen Schritt weiter (um einen wichtigen Schritt in der Geschichte der Wissenschaft in einem simplen Kalauer zusammenzufassen).

So könnte man endlos weitermachen mit den atom- und quantenphysikalischen Erklärungen der Gesetze und Erscheinungen der „klassischen" Physik. Doch wie sagt das weiße Kaninchen in *Alice im Wunderland*: „Keine Zeit, keine Zeit!".

---

[21] Erwin Schrödinger: Was ist Leben? – Die lebende Zelle mit den Augen des Physikers betrachtet, Piper, München 1989, S. 33.

4.4 Noch mehr Seltsames aus der Quantenwelt

Esoteriker bringen alles durcheinander, was sie nicht verstehen: die Quantenphysik, das Universum, den Zufall und die Wahrscheinlichkeitsrechnung, das Unbewusste, Schicksal und Vorsehung und Determinismus, schließlich auch noch die Seele, das Jenseits und Gott. Außer dem Absatz ihrer Bücher helfen sie dadurch niemandem, am wenigsten denjenigen, die Antworten auf Fragen suchen und aufhören, sie zu stellen, wenn die Grenzen unserer Vorstellungskraft erreicht sind. Wer für Quantenheilung durch Fernbehandlung sein Geld ausgibt, sollte es lieber für soziale Zwecke spenden. Mit Quantenphysik hat das nichts zu tun, sie ist nur eine ideale Projektionsfläche für pseudowissenschaftliches Gedankengut.[22]

Das veranlasste 1935 den Physiker Erwin Schrödinger zu einem inzwischen populär gewordenen Vergleich. Ein Atom kann gleichzeitig ganz und zerfallen sein, haben wir oben erwähnt. Die Wahrscheinlichkeiten dafür sind „verschmiert", wie Schrödinger sich ausdrückte. Doch eine Katze kann nicht gleichzeitig tot und lebendig sein, denn sie lebt in unserer „Mittelwelt". Mit einer Ausnahme: „Schrödingers Katze". Sie wurde in einem (für Tierfreunde) etwas makabren Gedankenexperiment an das Schicksal eines radioaktiven Atoms gekoppelt.[23] Es sollte die mit der Anwendung des Quantenzustands auf makroskopische Systeme verbundenen gedanklichen Schwierigkeiten illustrieren, also bei der Übertragung von Verhältnissen in der Mikrowelt in unsere Größenverhältnisse. Interessierte können der Spur des Tierchens wochenlang in Bücherläden oder im Internet folgen.

Aber kann die Quantenphysik paranormale Phänomene erklären? Esoterische Kreise *lieben* die Quanten und ihre für uns unverständlichen Verhaltensweisen. Sie ziehen ganz abenteuerliche Schlüsse aus unverstandenen Phänomenen – Fehlschlüsse allerdings, denn sie verlängern die Verhältnisse in „Mikronesien" unreflektiert nach „Mesonesien". Und zuvorderst müsste ja erst einmal die Existenz der paranormalen Phänomene nachgewiesen werden. Hierzu schreibt ein Physiker: „Grundlegend [...] ist die Unterscheidung zwischen der *Existenz* eines Phänomens

---

[22] Eva Tinsobin (derStandard.at): Interview mit dem Quantenphysiker Florian Aigner (3. Mai 2013) in http://derstandard.at/1363709682106/Quantenphysik-hat-nichts-mit-Quantenheilung-zu-tun.

[23] Schön beschrieben von Rainer Schar: „Schrödingers Katze erhellt das Quantenreich". FAZ Wissen 17.08.2013 in http://www.faz.net/aktuell/wissen/physik-chemie/die-seltsame-welt-der-atome-schroedingers-katze-erhellt-das-quantenreich–12529251.html. Wer es noch düsterer liebt, der lese beim „Quantenselbstmord" des österreichischen Wissenschaftlers Hans Moravec auf http://de.wikipedia.org/wiki/Quantenselbstmord nach.

und seiner *Erklärung durch einen Mechanismus.*"[24] Viele schaffen ja nicht einmal den ersten Schritt, den Existenznachweis – Pendler und Rutengänger haben damit ja schon Schwierigkeiten. Richtig schwer wird es oft beim zweiten Schritt, der Erklärung des Wirkungsmechanismus – da stößt unsere Erkenntnis schnell an Grenzen. Doch wenn ich eine Erscheinung nicht erklären kann, darf ich nicht daraus schließen, dass sie nicht existiert. Noch abenteuerlicher wird es jedoch, wenn ich daraus schließe, *dass* sie existiert.

Wichtig ist aber, das auszusortieren, was aufgrund völlig unterschiedlicher Größenordnungen physikalisch nicht sein *kann.* Wir *können* keine Atome durch starke Beleuchtung erkennen, weil ihre Größe weit unterhalb der Wellenlänge von Licht ist. Wir können seltsame Wirkungen zwischen Quanten nicht in unsere Welt übertragen. „Schrödingers Katze" ist nur ein Gedankenexperiment, eine Analogie. Der Philosoph und Neurowissenschaftler Thomas Metzinger drückt das ganz deutlich aus: „In menschlichen Gehirnen findet das Feuern von Neuronen in einer makroskopischen Größenordnung statt. Für so riesige Gebilde wie die Nervenzellen […] spielen Quantenereignisse schlichtweg keine Rolle."[25]

Wenn ich mich über die Unerklärlichkeit der Quantenphysik etwas spöttisch ausgedrückt habe, dann soll das nicht bedeuten, dass dies alles Hirngespinste und quasi-religiöse Glaubensinhalte versponnener Physiker sind – im Gegenteil. Unsere hervorragend funktionierende technische Welt beruht zu einem großen Teil auf diesen für den Normalmenschen unverständlichen Erkenntnissen.

4.5   Warum hält das alles zusammen?

„Das kann ich mir alles gar nicht vorstellen!", sagte Eddi, nachdem Siggi seine Geschichten beendet hatte. „Ja, un-vor-stell-bar, im wahrsten Sinn des Wortes", bestätigte Rudi. „Aber es ist so", bekräftigte Siggi, „Sie haben es genau berechnet." „Vielleicht haben sie sich verrechnet?", zweifelte Eddi. „Das sagst gerade du, der Mathematiker?!" „Ja, Siggi, Dogmatiker machen keine Fehler und Dummköpfe immer dieselben. Die Wissenschaft lernt aus ihren Fehlern, deswegen treibt sie die Erkenntnis voran." Rudi griff ein: „Außerdem bestätigen wir Physiker unsere Berechnungen im Experiment. Wie steht es denn damit?" „Nun, ihr beiden, das ist genau der Punkt. Alle die Dinge, die ich euch berichtet habe, sind experimen-

---

[24] Martin Lambeck: Irrt die Physik? – Über alternative Medizin und Esoterik, C. H. Beck, München. 2. Auflage 2005, Kap. 3.2, S. 24.

[25] Thomas Metzinger: Der Ego-Tunnel – Eine neue Philosophie des Selbst: Von der Hirnforschung zur Bewusstseinsethik. Bloomsbury Berlin, 5. Aufl. 2012, S. 351.

tell bestätigt, x-fach abgesichert. Paul Dirac, von dem ich euch erzählt habe, hat das Planck'sche Wirkungsquantum auf neun Dezimalstellen genau berechnet und experimentell abgesichert.[26] Das ist so, als würde man aus tausend Kilometer Entfernung ein ein Millimeter großes Ziel mit dem Pfeil treffen."

Eddi und Rudi schwiegen beeindruckt. Doch dann regte sich bei ihnen Widerstand. „Irgendwas stimmt da nicht!", brummte Rudi, „Du hast uns doch gesagt, dass gleiche Ladungen sich abstoßen. Zwei positiv geladene Protonen im Atomkern – dicht beieinander? Wie soll denn das gehen? Was hält Sie denn zusammen? Warum fliegt nicht alles auseinander?"[27] Eddi stimmte ein: „Ja, nackte Logik! Na gut, die Protonen stoßen sich gegenseitig ab, da sie die gleiche positive Ladung haben. Aber sie ziehen sich auch an – durch ihre Gravitation –, denn sie haben eine Masse. Vielleicht hält die Gravitation den Kern zusammen?".

Zum ersten Mal sah man Siggi Spökenkieker ratlos: „Tut sie nicht – die Wirkung der Massenanziehung der Protonen ist etwa 10^{36}-mal schwächer als die der elektrischen Abstoßung, bei den Elektronen ist sie sogar 10^{42}-mal schwächer.[28] Die Gravitation ist die schwächste physikalische Kraft – obwohl sie uns oft ganz schön zu schaffen macht, wenn wir schwere Steine schleppen müssen." „Und nun?!", bohrte Rudi nach, „Was hält die Atom*kern*bausteine, d. h. Protonen und Neutronen, zusammen?" Eddi unterstützte ihn: „Es muss also eine weitere Kraft geben, welche die Nukleonen verklebt und dadurch den Atomkern stabilisiert. Davon hast du uns aber nichts erzählt!" „Äh, ja, ich …" Rudi war unbarmherzig: „Ich fürchte, du musst noch mal los!" und Eddi stimmte etwas spöttisch ein: „Gute Reise!".

Und so konnte Siggi seinen leicht ramponierten Ruf nach seiner Rückkehr wieder ausbügeln: „Es gibt insgesamt vier Grundkräfte der Physik. Vier! Zwei kennt ihr schon: die elektromagnetische Kraft und die Gravitation. Sie ist es also nicht, die die Kügelchen im Kern zusammenhält. Diese Kraft heißt einfach „Starke Kernkraft". Sie wirkt zwischen allen „Nukleonen", also zwischen Neutronen und Neutronen, zwischen Protonen und Neutronen, und auch (zusätzlich zur elektrischen Abstoßungskraft) zwischen Protonen und Protonen. Nur wenn ein genügend

---

[26] Genauer gesagt: die „Dirac'sche Konstante" $h/2\pi$. Quelle: Richard Feynman: QED. Die seltsame Theorie des Lichts und der Materie. Piper, München 1992, S. 17. Dort steht zum Vergleich: Das ist so, als würden Sie die Entfernung von Los Angeles nach New York bis auf Haaresbreite genau messen.

[27] Diese letzte Frage stellt auch Harald Lesch: „Warum fliegt nicht alles auseinander?" alpha-Centauri 17.08.2005 (http://www.br.de/fernsehen/br-alpha/sendungen/alpha-centauri/alpha-centauri-fliegt–2005_x100.html).

[28] Siehe https://de.wikipedia.org/wiki/Feinstrukturkonstante#Vergleich_der_Grundkräfte_der_Physik und Richard P. Feynman: Vom Wesen physikalischer Gesetze. Piper, München 2012, S. 44.

hoher Anteil an Neutronen im Kern vorhanden ist, ist diese Kraft stark genug, die Teilchen zusammenzuhalten. Dies erklärt auch, warum sehr große Atomkerne einen hohen Anteil an Neutronen haben. So besitzt das häufigste Sauerstoff-Isotop 8 Protonen und 8 Neutronen – das langlebigste Uran-Isotop besitzt hingegen 92 Protonen und 146 Neutronen.[29] Denn – ihr werdet es nicht glauben – die „Starke Kernkraft" ist eigentlich nur eine Restkraft, denn ihre Hauptaufgabe ist es, die Quarks im Nukleon zusammenzuhalten.[30] Nun muss ich euch noch die vierte Kraft erläutern, die „Schwache Kernkraft". Die ist aber etwas schwerer zu verstehen. Sie bewirkt …" „Genug!", schrien Eddi und Rudi gleichzeitig, „Uns platzt der Kopf!".

Doch zurück zu den Kernkräften (auch „Wechselwirkungen" genannt): Die Schlangenlinien zwischen den Quarks in Abb. 4.1 sollen diese Kräfte bzw. Wechselwirkungen andeuten. Die starke Kraft wirkt gewissermaßen nur auf Quarks und – halten Sie sich fest! – beruht auf „Austauschteilchen" der starken Wechselwirkung. „Nicht schon wieder ein neues Teilchen!", werden Sie ausrufen und dabei an den Physikerscherz denken. Aber sie haben einen Namen, den man sich gut merken kann: „Gluonen". Kleber, wie gesagt (englisch *to glue* „kleben"). Was in der Kraftbilanz zwischen den Quarks „übrig bleibt", klebt die Nukleonen zusammen. Deswegen ist die starke Wechselwirkung auf einen Abstand von 10^{-15} m beschränkt.

Jetzt bleibt noch die „Schwache Kernkraft" bzw. „Schwache Wechselwirkung". Wenn Sie die Reichweite ihrer starken Schwester schon für verschwindend gering gehalten haben, müssen Sie hier noch einmal Abstriche machen: Sie hat nur eine Reichweite von 10^{-18} m, ein Tausendstel davon. Und jetzt kommen wir wirklich in die (Un-)Tiefen der Kernphysik. Nun müssen wir aber leider aufhören mit den kleinsten Dingen. Sie sind aber auch *zu* spannend!

---

[29] Letzter Absatz z. T. wörtlich aus dem guten Überblick in http://de.wikibooks.org/wiki/Teilchenphysik:_Von_den_Atomen_zu_den_Elementarteilchen.

[30] Über diese „Restwechselwirkung der starken Wechselwirkung" hielt Yukawa seine Vorlesung. Er zeigte in den 1930er Jahren, dass ein Potenzial (das später nach ihm benannte „Yukawa-Potenzial") durch den Austausch von Elementarteilchen zwischen Protonen und Neutronen erzeugt wird.

Zusammenfassung: dieses Essential in Kürze 5

Richard P. Feynman hat es auf den Punkt gebracht:[1] Wenn alle wissenschaftlichen Erkenntnisse vernichtet würden (wie bei der vermuteten Zerstörung der Bibliothek von Alexandria) und man nur *einen* Satz an die Nachwelt überliefern könnte, welche Aussage würde die wichtigste Information mit den wenigsten Worten enthalten? Es ist der Satz: „Die gesamte Materie ist aus wenigen Atomen zusammengesetzt." Das gilt für alle Stoffe, vom Sauerstoff über Benzol bis zu Polyethylenterephthalat (die PET-Flasche) oder Ihre DNA. Jedes Molekül dieser und Millionen anderer Stoffe besteht aus weniger als 100 unterschiedlichen Atomen. Ein LEGO-Baukasten. Sie sind klein und unendlich leicht – „unendlich" im umgangssprachlichen Sinne, denn man kennt ihre jeweilige winzige Masse und Größe.[2] Entsprechend klein sind auch die Moleküle, die aus diesen LEGO-Steinchen zusammengesteckt sind. Sechshunderttausend Milliarden Milliarden Wassermoleküle passen in ein Schnapsglas. Und die Atome sind – wie wir im nächsten Kapitel sehen werden – uralt, (fast) so alt wie das Universum. Die weitaus allermeisten von ihnen sind also seit vielen Milliarden Jahren unverändert da und werden es auch lange bleiben: Alle Atome, aus denen Sie und ich bestehen, waren schon in anderen lebenden oder toten Dingen und werden nach unserem Ableben auch weiter verwendet.

Eine Etage tiefer trafen wir auf die angeblich so unteilbaren Atome. Sie sind ein dreidimensionales Kolosseum, in dessen Mitte eine Murmel schwebt, der Atomkern. Er besteht aus Nukleonen (Protonen und Neutronen), die aus Quarks be-

---

[1] Richard P. Feynman, Robert B. Leighton, Matthew Sands, Michael A. Gottlieb, Ralph Leighton: Feynman-Vorlesungen über Physik. R. Oldenbourg Verlag München 1987. Bd. I. Zitiert nach Martin Lambeck: Irrt die Physik? – Über alternative Medizin und Esoterik, C. H. Beck, München. 2. Auflage 2005, S. 13.

[2] „Unendlich" im mathematische Sinne bedeutet wörtlich „nie endend" – wie die natürlichen Zahlen, von denen es keine größte gibt, denn man kann immer noch eine 1 hinzuaddieren.

© Springer Fachmedien Wiesbaden 2016
J. Beetz, *Atomphysik für Höhlenmenschen und andere Anfänger,* essentials,
DOI 10.1007/978-3-658-11105-2_5

stehen. Im Kolosseum flitzen Staubkörner herum, die Elektronen, etwa 2000-mal leichter als die Murmel im Zentrum. Wir können nur mit Wahrscheinlichkeitsfunktionen beschreiben, wo und wie schnell sie sind – und nie beides gleichzeitig. Die Unschärferelation des Herrn Heisenberg. Die definierten Schalen des Herrn Bohr, zwischen denen sie ihre Quantensprünge vollziehen können – definierte und nicht weiter unterteilbare Energieänderungen – waren weiterhin für praktische Zwecke nutzbar.[3]

Dachte man vor etwas mehr als nur einem Jahrhundert noch „Alles sind Atome" (stabile vorhersagbare Teilchen), so haben wir jetzt eine weitere Zwiebelschale der Realität enthüllt: „Überall im ganz Kleinen herrschen Effekte der Quantenmechanik" (nicht streng determinierte, unscharfe, aber gequantelte Zustände). Wir alle bestehen hauptsächlich aus drei Elementarteilchen: Elektronen, Up-Quarks und Down-Quarks. Die meisten materiellen Phänomene haben mit ihnen zu tun.

Einerseits haben diese Entdeckungen den Schleier der Unerklärlichkeit von vielen Erscheinungen der klassischen Physik gelüftet. Atome, Protonen, Elektronen und viele Mitglieder des „Elementarteilchen-Zoos" helfen uns beim Verständnis von physikalischen Vorgängen und führen zu praktischen Anwendungen im täglichen Leben. Andererseits ist ein noch dichterer und verwirrender Schleier der Unerklärlichkeit aufgetaucht: die Heisenberg'sche Unschärferelation, das nur statistisch erfassbare Verhalten der Quanten und ihre merkwürdigen und unanschaulichen Phänomene.

Grämen Sie sich nicht, wenn Sie sich das nicht vorstellen können! Niemand kann es, denn wir haben keine sinnlichen Erfahrungen aus „Mikronesien". Eine der großen Revolutionen der Physik ist das, was Albert Einstein selbst so formulierte: Die Materie hat eine „körnige" Struktur, sie setzt sich aus Elementarteilchen, den Elementarquanten der Materie, zusammen. Erfreulicherweise merken wir das in „Mesonesien", unserer „Mittelwelt", nicht – trotzdem ist es wichtig (nicht nur wegen der ungezählten technischen Anwendungen dieser Erkenntnisse), dies einmal kennengelernt zu haben.

---

[3] Siehe hierzu auch Manfred Lindinger: So schön einfach. FAZ Wissen 10.07.2013 in http://www.faz.net/aktuell/wissen/physik-chemie/glosse-so-schoen-einfach-12275770.html.

Was Sie aus diesem Essential mitnehmen können

In dieser Einführung in die Atomphysik haben Sie (verpackt in Geschichten und Dialoge aus der Steinzeit)…

- den Aufbau und die allgemeinen Eigenschaften von Atomen kennen gelernt,
- das genaue Innenleben von Atomen und das daraus entstehende besondere Verhalten verstanden,
- die geheimnisvolle Welt der „Quanten" und ihr Verhalten etwas näher betrachtet und
- etwas über die Kraft erfahren, die die Atomkerne zusammenhält.

© Springer Fachmedien Wiesbaden 2016
J. Beetz, *Atomphysik für Höhlenmenschen und andere Anfänger,* essentials,
DOI 10.1007/978-3-658-11105-2

Literatur

Beetz J (2012) 1 + 1 =10. Mathematik für Höhlenmenschen. Springer, Heidelberg

Beetz J (2015) E = mc^2. Physik für Höhlenmenschen. Springer, Heidelberg

Beetz J (2015) Kosmologie für Höhlenmenschen und andere Anfänger – Das Universum von außen: Trabanten, Planeten, Sterne, Galaxien. Springer *essential*, Heidelberg

Beetz, W von (1893) Leitfaden der Physik. Hrsg. Julius Henrici. Grieben's Verlag, Leipzig

Bleck-Neuhaus J (2012) Elementare Teilchen: Von den Atomen über das Standard-Modell bis zum Higgs-Boson. Springer, Heidelberg

Haken H, Wolf H C (2004) Atom- und Quantenphysik: Einführung in die experimentellen und theoretischen Grundlagen. Springer, Heidelberg

Mayer-Kuckuk T (1997) Atomphysik: Eine Einführung. Teubner, Wiesbaden

© Springer Fachmedien Wiesbaden 2016

J. Beetz, *Atomphysik für Höhlenmenschen und andere Anfänger*, essentials,

DOI 10.1007/978-3-658-11105-2